Neues verkehrswissenschaftliches Journal

Ausgabe 14

Mikroskopische Engpassanalyse bei eisenbahnbetriebswissenschaftlichen Leistungsuntersuchungen

Von der Fakultät Bau- und Umweltingenieurwissenschaften

der Universität Stuttgart zur Erlangung der Würde eines

Doktors der Ingenieurwissenschaften (Dr.-Ing.) genehmigte Dissertation

Vorgelegt von

Xiaojun Li

aus Tianjin, VR China

Hauptberichter: Prof. Dr.-Ing. Ullrich Martin

Mitberichter: Prof. Dr.-Ing. Ulrich Weidmann

Tag der mündlichen Prüfung: 03.07.2015

Dipl.-Inf. Xiaojun Li

Institut für Eisenbahn- und Verkehrswesen der Universität Stuttgart

Juli 2015

Titelbild: Xiaojun Li

Herstellung und Verlag: BoD - Books on Demand, Norderstedt

Printed in Germany

ISBN 978-3-7392-0043-9

Vorwort

Im spurgeführten Verkehr sind Engpässe maßgebend für die Kapazität des Verkehrssystems. Aufgrund der geringeren Netzbildungsfähigkeit, der Beschränkung der Freiheitsgrade sowie des Abstandshalteverfahrens entfalten die Engpässe im spurgeführten Verkehr jedoch gegenüber anderen Verkehrsträgern eine deutlich restriktivere Wirkung. Die Qualität und Kapazität eines Eisenbahnnetzes können unter weitgehendem Verzicht auf eine extensive Erweiterung deshalb lediglich dann erhöht werden, wenn bestehende oder potenzielle Engpässe vorausschauend identifiziert und beseitigt werden. Darüber hinaus stellt sich die Frage, welche Maßnahmen für die Beseitigung von Engpässen zielführend und effektiv sind. Um die Frage zu beantworten, müssen die Engpässe lokalisiert werden und deren Ursachen bekannt sein. Für eine anforderungsgerechte Dimensionierung und effiziente Nutzung von Infrastrukturen spielt die Engpassanalyse bei eisenbahnbetriebswissenschaftlichen Leistungsuntersuchungen somit eine wichtige Rolle. Aufgabenstellungsorientiert wird in dieser Arbeit die Untersuchung von Engpässen in makroskopischer und mikroskopischer Betrachtung unterschiedlich behandelt. Bezugnehmend auf vorhandene, die langfristige Planung unterstützende Methoden der makroskopischen Engpassanalyse, wurde ein mikroskopischer Ansatz zur ortsgenauen Engpassidentifizierung auf der Grundlage eines neuen mikroskopischen Infrastrukturmodells entwickelt, der auch bei beliebig komplexen Gleisstrukturen und anspruchsvollen Betriebsprogrammen verwendet werden kann.

Die vorliegende Dissertation ist im Zusammenhang mit dem DFG-Forschungsprojekt „Entwicklung einer simulationsbasierten Methodik zur ursachenbezogenen Engpassbewertung komplexer Gleisstrukturen in spurgeführten Verkehrssystemen unter Berücksichtigung stochastischer Bedingungen", an dem Frau Li maßgebend beteiligt war, entstanden. Wesentliches Forschungsergebnis der vorliegenden Arbeit ist die signifikante Weiterentwicklung der Methodik der Leistungsuntersuchungen im spurgeführten Verkehr im Teilgebiet der Engpassanalyse mit mikroskopischen Infrastrukturmodellen und ein darauf aufbauendes Verfahren zur praxisbezogenen Anwendung. Mit dem in dieser Arbeit vorgeschlagenen Modellierungsansatz auf der Grundlage der Kenngröße „Zuwachsrate der Nicht erfüllbaren Belegungswünsche" wird eine wichtige Voraussetzung für eine umfassende Leistungsuntersuchung unter Berücksichtigung maßgebender Engpässe und damit für eine effizientere Infrastrukturnutzung im Bereich der Eisenbahn geschaffen.

Stuttgart, im September 2015

Ullrich Martin

Danksagung

An dieser Stelle möchte ich mich bei den denjenigen bedanken, die mich in dieser spannenden Phase meiner akademischen Laufbahn begleitet und bei der Erstellung dieser Arbeit sehr unterstützt haben.

Großer Dank gebührt zuallererst Prof. Ullrich Martin für die Betreuung und Begutachtung meiner Promotion. Seine Anregungen und kritischen Kommentare mit unendlicher Geduld haben zum guten Gelingen dieser Arbeit beigetragen. Die Arbeit am Institut hat mir den nötigen Rahmen geboten, meine Dissertation gedanklich vorzubereiten. Herrn Prof. Ulrich Weidmann danke ich für die Übernahme des Mitberichts.

Mein großer Dank gilt meinen Eltern für ihr vorhaltloses Vertrauen und ihre Unterstützung. Obwohl sie in einem fernen Land leben, haben sie von Anfang an mich bei meiner Promotion motiviert und bei allen schwierigen Situationen aufgemuntert.

Ein besonderer Dank gilt der Stiftung "Carl-Pirath-Forschungsstipendium" des VWI e.V. Die im Rahmen des Stipendiums gewonnenen zeitlichen Freiräume ermöglichten eine beschleunigte Fertigstellung dieser Arbeit.

Meinen damaligen und jetzigen Kolleginnen und Kollegen danke ich für ihre informativen und konstruktiven Vorschläge. Für das Korrekturlesen der Gesamtfassung danke ich Markus Tideman und für den englischen Abstract danke ich Keru Feng.

Ein weiteres Dankeschön gilt dem Entwicklungsteam der Software PULEIV im Institut. Nur basierend auf dieser guten Grundlage war es möglich, meine Ansätze in der vorliegenden Arbeit zu testen und zu implementieren.

Mein besonderer Dank geht an meinen Mann Yanpeng und meinen Sohn David für ihre Unterstützung in allen Phasen, ihr liebevolles Verständnis und ihre Geduld während der Promotionszeit.

Inhaltsverzeichnis

Abbildungsverzeichnis

Tabellenverzeichnis

Zusammenfassung

Die Engpassanalyse ist eine der wichtigsten Aufgaben bei eisenbahnbetriebswissenschaftlichen Leistungsuntersuchungen in allen Planungsphasen, weil die Betriebsqualität und Kapazität der Infrastruktur durch Engpässe im Eisenbahnnetz stark beeinflusst werden können. Da Engpässe häufig in Infrastrukturbereichen mit komplexen Gleisstrukturen entstehen, beschränkt die hiermit verbundene hohe Berechnungskomplexität die Entwicklung in diesem Forschungsgebiet seit längerer Zeit. Mit Unterstützung der modernen Rechentechnik heutzutage kann die Beschränkung durch die Anwendung von passenden Werkzeugen und innovativen Bewertungsansätzen überwunden werden. In der vorliegenden Arbeit wurde die simulative Methode zur mikroskopischen Engpassanalyse basierend auf einem neuen mikroskopischen Infrastrukturmodell von [Martin & Li 2014] entwickelt, die umfangreiche Aussagen über Engpässe und deren Ursachen unabhängig von der Komplexität der Infrastruktur und des Betriebsprogramms liefert.

Der Schwerpunkt dieser Arbeit liegt auf der mikroskopischen Lokalisierung von Engpässen und Bestimmung von deren Ursachen bei der Nutzung der simulativen Methode. Es wird der Zusammenhang von lokalen Engpässen im Untersuchungsraum und dem globalen Leistungsverhalten aus vorhandenen Forschungsbeiträgen von [Chu 2014], [Martin & Chu 2013], [Schmidt 2009] und [Hertel 1992] diskutiert und darüber hinaus die Korrelation der Wirkung von Engpässen und den mutmaßlichen Ursachen untersucht. Um die tatsächlichen Ursachen von Engpässen festzustellen, wird die Wirkung der Behinderungsfortpflanzung infolge des Zusammenwirkens von Infrastrukturabschnitten und Zugfahrten in dieser Arbeit berücksichtigt. Dabei wurden wichtige neue Erkenntnisse gewonnen:

- Zur präzisen Lokalisierung von Engpässen wurde ein neuer Ansatz entwickelt, der auf einem mikroskopischen Infrastrukturmodell basiert, das insbesondere für die simulative Methode geeignet ist. Bei diesem Ansatz zur Lokalisierung von Engpässen wird der Einfluss der zunehmenden Behinderungen an einzelnen Infrastrukturabschnitten auf das Leistungsverhalten des gesamten Untersuchungsraums berücksichtigt. Die Behinderungen an Engpässen werden mit der Kenngröße „Nicht erfüllbare Belegungswünsche“ (NEB) und deren Zuwachs mit der neuen Kenngröße „NEB-Zuwachsrate“ (Zuwachsrate der Nicht erfüllbaren Belegungswünsche) dargestellt. Die beiden Kenngrößen werden als Kriterien für die Lokalisierung von Engpässen in der vorliegenden Arbeit verwendet.

- Mit dem Ansatz werden nicht nur wirksame, sondern auch potenzielle Engpässe im Untersuchungsraum identifiziert. Darüber hinaus wird der maßgebende Engpass mit einer hohen, für die praktische Anwendung hinreichenden Wahrscheinlichkeit bestimmt.
- Um zu beantworten, durch welche Ursachen die lokalisierten Engpässe ausgelöst werden, wird die Fortpflanzung von Behinderungen anhand der Wechselwirkung von Zugfahrten und Infrastrukturabschnitten untersucht. Darauf basierend wurde ein Suchalgorithmus entwickelt, mit dem die tatsächlichen Ursachen der Engpässe entlang der Fahrwege lokalisiert werden können.
- Auf diese Weise wird festgestellt, wo sich die Ursachen genau befinden und, ob diese durch eine ungeeignete Nutzung der Infrastruktur oder einer mangelhaften Dimensionierung bzw. Gestaltung der Infrastruktur begründet sind. Die Einflussfaktoren auf die Entstehung von Engpässen werden zusammengestellt, und es können geeignete Maßnahmen zur Entschärfung der Engpässe abgeleitet werden.

In der vorliegenden Arbeit, die im Kontext des DFG-Forschungsprojekts „Entwicklung einer simulationsbasierten Methodik zur ursachenbezogenen Engpassbewertung komplexer Gleisstrukturen in spurgeführten Verkehrssystemen unter Berücksichtigung stochastischer Bedingungen“ [Martin & Li 2014] entstanden ist, wird die vorhandene makroskopische Bewertung bei Leistungsuntersuchungen mit der neu entwickelten mikroskopischen Engpassanalyse ergänzt, so dass eine allgemeingültige umfassende Leistungsuntersuchung innerhalb eines Bewertungsprozesses möglich ist.

Abstract

In the railway system, the operation quality and infrastructure capacity in railway can be significantly affected by bottlenecks. Therefore, the bottleneck analysis is one of the most important tasks in railway capacity research in all phases of planning. Since bottlenecks often occur in those areas with complex track-structures, the high computational complexity limits the development in this research field for a long time. Today, with the support of modern computing technology, this limitation can be overcome by the use of appropriate tools and innovative evaluation approaches. The microscopic bottleneck analysis using simulative method in this work was developed based on a new microscopic infrastructure model by [Martin & Li 2014]. The new approach gives comprehensive evidences of bottlenecks and their causes independent from the complexity of infrastructure and operating program.

There are two focuses in this work. The first is the microscopic localization of bottlenecks in an investigation area. The other is determining their causes. The relationship between local bottlenecks and the global performance defined by existing research by [Chu 2014], [Martin & Chu 2013], [Schmidt 2009] and [Hertel 1992] is discussed. Additionally, the correlation between the effect of bottlenecks and possible causes is analyzed. To determine the actual causes of bottlenecks, the effect of the hindrance propagation due to the interaction of infrastructure sections and trains is included in this work. The important findings are as follows:

- To precisely locating the bottlenecks, a new approach was developed based on the microscopic infrastructure model which is especially suitable for simulative methods. In the approach of bottlenecks locating, the influence of the increasing hindrance attributed to individual infrastructure sections on the performance of the entire investigation area is considered. The hindrance at bottlenecks is characterized with a parameter "Non-satisfiable occupation request" (abb. in German: “NEB”), and their growth is described with the parameter "NEB growth rate". These two parameters are used as indicators for locating bottlenecks in this research.
- With this approach not only the significant, but also the potential bottlenecks in the investigation area can be identified. Moreover, the authoritative bottleneck can be defined effectively and sufficiently.

- To answer the question “how are the identified bottlenecks caused”, the propagation of hindrance resulted from the interaction of trains and infrastructure sections is analyzed. Based on that study a search algorithm was developed, so that the actual causes of the bottlenecks can be located along the route.
- In this way, it is determined where the causes of bottlenecks are located accurately and whether they are results of an unsuitable use of infrastructure or from the insufficient design of infrastructure. The influence factors on bottlenecks are gathered, so that the suitable measures for minimizing bottlenecks can be derived.

In this research, which has arisen from the DFG research project "The development of a simulation-based methodology for cause-related bottleneck analysis for complex infrastructure in railway systems in consideration of stochastic conditions" [Martin & Li 2014] (*German: “Entwicklung einer simulationsbasierten Methodik zur ursachenbezogenen Engpassbewertung komplexer Gleisstrukturen in spurgeführten Verkehrssystemen unter Berücksichtigung stochastischer Bedingungen“*), the existing macroscopic evaluation of capacity research is complemented with the newly developed microscopic bottleneck analysis, so that a universal comprehensive capacity research within an evaluation process is possible..

1 Einleitung

In allen Bereichen der Verkehrsinfrastruktur, ob auf Straßen, Schienen, Luftwegen oder Wasserstraßen, kann durch die Zunahme der Verkehrsbelastung ab einem gewissen Zeitpunkt das Verkehrsangebot die gestellten Anforderungen nicht mehr erfüllen, sodass Engpässe wirksam werden und auf diese Weise die Infrastrukturnutzung gebremst wird. Der spurgeführte Verkehr nimmt als umweltfreundliches motorisiertes Verkehrsmittel eine strategische Rolle bei der Gestaltung nachhaltiger Verkehrssysteme ein, deren Kapazität und Qualität auch von Engpässen stark beeinträchtigt werden. Um eine Kapazitätssteigerung eines Verkehrssystems unter Beibehaltung einer gewünschten Qualität herbeizuführen, müssen vordringlich Engpässe, die betriebsbehindernd wirken, beseitigt oder minimiert werden. Wo sich der Engpass befindet, der für die Kapazität eines Eisenbahnnetz oder –teilnetz maßgebend ist, ist zurzeit oftmals nicht eindeutig bestimmbar und nur nach Erfahrungen abschätzbar. Zu diesem Zweck wird die Engpassanalyse in eisenbahnbetriebswissenschaftlichen Leistungsuntersuchungen eingesetzt, um Engpässe und deren Ursachen in einem Untersuchungsraum mittels modernen Verfahren zu identifizieren. Dafür werden Leistungsuntersuchungen durchgeführt, mit denen der Einfluss des Zusammenwirkens der beteiligten Verkehrskomponenten – Infrastruktur, Betriebsprogramm und Fahrzeuge – auf Kapazität und Qualität des Verkehrssystems untersucht und bewertet werden.

Von vorrangigem Interesse bezogen auf die Verkehrskomponente Infrastruktur ist dabei das Eisenbahnnetz, welches aus Eisenbahnknoten und Strecken besteht, die die Eisenbahnknoten miteinander verknüpfen. Aus zahlreichen praktischen Beispielen lässt sich schließen, dass die Leistungsfähigkeit eines Eisenbahnknotens maßgeblich von dessen Gestaltung und Nutzung abhängt. Obwohl Eisenbahnknoten eines Eisenbahnnetzes aufgrund ihrer komplexen Gleisstruktur im Gegensatz zu den Strecken häufig Engpässe darstellen, existieren für Eisenbahnknoten bisher nur wenige Verfahren, um die Kapazität eines Eisenbahnknotens zu bewerten sowie gleichzeitig die zugrunde liegenden Ursachen der Engpässen zu identifizieren. Darüber hinaus ist es relativ schwierig, geeignete Maßnahmen zur Beseitigung derartiger Engpässe zu ermitteln. Der Grund hierfür liegt darin begründet, dass sich die gegenwärtig existierenden Bewertungsverfahren weitgehend lediglich auf abgeschlossene Teilbereiche beziehen. Daher ist eine ganzheitliche Betrachtung eines größeren Untersuchungsraums, der Strecken und Eisenbahnknoten oder komplexe Knotenstrukturen umfasst, in detaillierter Form bislang nicht durchführbar.

In der vorliegenden Arbeit, die im Zusammenhang mit dem DFG-Forschungsprojekt [Martin & Li 2014] entstanden ist, wird ein neues Verfahren zur mikroskopischen Engpassanalyse bei eisenbahnbetriebswissenschaftlichen Leistungsuntersuchungen entwickelt, um die oben genannten Schwierigkeiten zu überwinden. Diese Engpassanalyse orientiert sich an einer konkreten Problemlösung, indem Engpässe und deren Ursachen diagnostiziert werden, um darauf aufbauend geeignete Maßnahmen zur Beseitigung oder Vermeidung von Engpässen abzuleiten.

Die vorliegende Arbeit befasst sich mit der Engpassanalyse im spurgeführten Verkehr unter Verwendung mikroskopischer Modelle sowie der simulativen Methode und ist wie folgt aufgebaut:

- Kapitel 2 gibt einen Überblick über die Problematik der Engpassanalyse im spurgeführten Verkehr und die gängigen Methoden der eisenbahnbetriebswissenschaftlichen Leistungsuntersuchungen, bei denen die Engpassanalyse berücksichtigt wird.
- Die Modellauswahl dient als eine wichtige Voraussetzung für eine zielorientierte Engpassanalyse. In Kapitel 3 werden verschiedene Modelle der Leistungsuntersuchungen vorgestellt, die für unterschiedliche Aufgabenstellungen eingesetzt werden. Für die Zielstellung der vorliegenden Arbeit wird das im Rahmen des DFG-Projekts [Martin & Li 2014] entwickelte mikroskopische Modell für die weitere Untersuchung ausgewählt, da es sich für den beabsichtigten Zweck als besonders vorteilhaft erweist.
- Kapitel 4 und 5 stellen den Kern der Arbeit dar und beschreiben die wesentlichen Ansätze zur Identifizierung von Engpässen sowie deren Ursachen. In Kapitel 4 wird dabei der Ansatz zur Lokalisierung von Engpässen vorgestellt, der basierend auf der Grundlage des DFG-Projekts [Martin & Li 2014] entwickelt wurde. Kapitel 5 stellt den Ansatz zur Bestimmung der tatsächlichen Ursachen von Engpässen dar, wobei auf den Suchalgorithmus aus dem DFG-Projekt [Martin & Li 2014] aufgebaut wird.
- Kapitel 6 beschreibt, wie die Engpassanalyse mit den Ansätzen aus den Kapiteln 4 und 5 bei allgemeingültigen Leistungsuntersuchungen angewendet und integriert wird.

- Die wesentlichen Ergebnisse und ein Ausblick über die Weiterentwicklung sowie offene Fragen werden in Kapitel 7 zusammengestellt. Die Ergebnisse der mikroskopischen Engpassanalyse mit den hier beschriebenen Bewertungsansätzen werden mit Fallbeispielen im Anhang erläutert.

2 Grundlagen der Engpassanalyse im spurgeführten Verkehr

Verkehrsträgerübergreifend sind Engpässe maßgebend für die Kapazität des Verkehrssystems. Der Zusammenhang von Kapazität und Engpässen ist allerdings aufgrund der verkehrsträgerspezifischen Besonderheiten unterschiedlich. Das führt dazu, dass jeder Verkehrsträger einen individuellen Anspruch für die Engpassanalyse besitzt. Im Allgemeinen liegen die Ursachen von Engpässen in der Gestaltung und der Nutzung (Betrieb) der Infrastruktur. In diesem Kapitel werden zunächst die Engpässe allgemein im Verkehr und die Besonderheiten im spurgeführten Verkehr diskutiert. Die Engpassanalyse ist eine Teilaufgabe von Leistungsuntersuchungen, weshalb die theoretischen Grundlagen von Leistungsuntersuchungen ebenfalls Gültigkeit besitzen. In Abschnitt 2.2 und 2.3 werden die Grundbegriffe und die gängigen Methoden bei Leistungsuntersuchungen vorgestellt, darauf basierend die Anforderungen zur Engpassanalyse bei Leistungsuntersuchungen verdeutlicht und anschließend die Zielstellung der vorliegenden Arbeit abgeleitet.

2.1 Engpässe im spurgeführten Verkehr

2.1.1 Engpässe im Verkehr allgemein

Der Begriff „Engpass“ wird laut Duden [DUDEN] definiert als:

„Schmale, verengte Stelle auf einem Weg, einer Straße, einem Durchgang o. Ä.“ oder *„wirtschaftliche Notlage, schwierige Situation [in der etwas knapp geworden ist]“*

Engpässe im Verkehr können ursachenbezogen in zwei Kategorien gegliedert werden:

- Dauerhafte Engpässe
- Temporäre Engpässe

Dauerhafte Engpässe sind Engpässe, die im System regelmäßig auftreten und dauerhaft existieren. Sie resultieren aus verschiedenen Gründen, wobei die folgenden zu den bedeutsamsten zählen:

- Engstellen in der Infrastruktur, die aus räumlichen, geografischen oder technischen Gegebenheiten die flüssige Durchfahrt behindern,

- Starke Verkehrsbelastung aus regelmäßigen richtungsbezogenen oder zeitraumbezogenen starken Verkehrsströmen oder aus hohem Fahrgastaufkommen
- Unzureichende Anschlüsse sowie langandauernde Bauarbeiten

Dauerhafte Engpässe sind meist vorhersehbar und durch die Umsetzung von geeigneten Optimierungsmaßnahmen in den Planungsphasen vermeidbar. Im Vergleich dazu resultieren temporäre Engpässe aus in Planungsphasen nicht vorhersehbaren Situationen, die vorrangig dispositiv behandelt werden, wie beispielsweise:

- Erhöhtes Reisendenaufkommen
- Kurzfristige Wartungsarbeiten
- Witterungsbedingte Störungen
- Unfälle
- Technische Störungen der Einrichtungen

Bei der Engpassanalyse im Rahmen der Leistungsuntersuchung stellt sich die Frage, wie die vielfältigen Ursachen von Engpässen und deren Wirkungen hinreichend berücksichtigt werden können.

2.1.2 Besonderheiten im spurgeführten Verkehr

In [BVU 2007] wird eine Steigerung der Verkehrsleistung im motorisierten Individualverkehr um 16% und im Straßengüterfernverkehr um 84% im Zeitraum von 2004 bis 2025 prognostiziert. Mit dieser Steigerung der Verkehrsleistung werden zwangsläufig immer mehr Engpässe wirksam, wodurch das bereits vorhandene leistungsfähige dichte Straßennetz für die Bewältigung des zunehmenden Verkehrswachstums kaum geeignet sein wird [Martin 2013]. Aufgrund der vielfältigen Vorteile des Schienenverkehrs im Vergleich zum Straßenverkehr werden bei der zukünftigen Infrastrukturplanung die zunehmenden Verkehre verstärkt auf die Eisenbahn verlagert, um negative Auswirkungen des Straßenverkehrs und eine Überlastung des Straßennetzes abzumildern (vgl. [Martin 2013]). Neben seiner Umweltfreundlichkeit zeichnet sich der spurgeführte Verkehr vor allem durch seine Fähigkeit aus, große Mengen von Personen und große Massen von Gütern transportieren zu können. Dieser Vorteil wird allerdings von zwei Systemeigenschaften beschränkt [Pachl 2011]:

- Die Ortsveränderung von Fahrzeugen im spurgeführten Verkehr ist an Schienen gebunden, sodass ein Spurwechsel nur durch voreingestellte bewegliche Fahrwegelemente (Weichen) möglich ist.
- Die große Masse und geringe Reibungskraft der Fahrzeuge führen zu einem langen Bremsweg, der dadurch die Sichtweite des Triebfahrzeugführers übersteigen kann.

Diese beiden genannten Systemeigenschaften werden durch eine spezielle Sicherungs- und Steuerungstechnik beeinflusst. Demzufolge wird die Sicherheit im spurgeführten Verkehr durch eine Einschränkung der Flexibilität erhöht. Aufgrund der betrieblichen Wirkung der Sicherungstechnik müssen oftmals mehrere Infrastrukturabschnitte für einen Zug freigehalten werden, obwohl sie nicht, noch nicht bzw. nicht mehr von diesem Zug befahren werden. Hieraus ergibt sich, dass räumlich nicht belegte Abschnitte der Eisenbahninfrastruktur oftmals nur stark eingeschränkt benutzbar sind.

Aufgrund dieser Systemeigenschaften kann ein Infrastrukturabschnitt durch unterschiedliche Fahrzeuge sogar mehrfach unterschiedlich lang belegt werden, was dazu führt, dass das Mischungsverhältnis der eingesetzten Fahrzeuge bei keinem anderen Verkehrsträger eine so wichtige Rolle spielt wie im spurgeführten Verkehr.

Im Vergleich mit dem Straßenverkehr haben Störungen im Schienenverkehr einen deutlich höheren Einfluss auf die Wirkung von Engpässen. So liegt nach [DB Netz AG 2014] die Ursache von ca. 72% der Verspätungen in Bauarbeiten, technischen Störungen und Fahrwegstörungen. Aus diesem Grund stellt sich bei eisenbahnbetriebswissenschaftlichen Leistungsuntersuchungen die Frage, wie störungsbedingte stochastische Einflüsse berücksichtigt werden sollen.

2.1.3 Definitionen von Engpässen

Bei Leistungsuntersuchungen ist eine eindeutige Definition für den Begriff „Engpass“ nicht vorhanden. Die Definition steht meistens in Zusammenhang mit der Aufgabenstellung und dem Bewertungsverfahren. In [DB Netz AG 2008] wird ein **Engpass** definiert als „maßgebendes Netzelement für das Leistungsverhalten, dessen

Nutzungsgrad der Nennleistung[1] im mangelhaften Bereich der Qualität liegt". In [UIC 2011] und [Vakhtel 2002] wird ein sehr hochbelastetes Netzelement als ein Engpassabschnitt eines Eisenbahnnetzes identifiziert. Bei beiden Definitionen dient die Belastung als das einzige Kriterium für die Qualität. In der Praxis haben allerdings nicht alle hochbelasteten Infrastrukturabschnitte einen entscheidenden Einfluss auf die gesamte Leistungsfähigkeit. Ist z. B. ein Abstellgleis für einen längeren Zeitraum durch einen haltenden Güterzug belegt, so hat dies trotz hoher Auslastung keinen signifikanten Einfluss auf die gesamte Leistungsfähigkeit, wenn dieses Gleis innerhalb des Auswertezeitraums nicht von anderen Zügen angefordert wird. Aus dieser Überlegung heraus wird die problemstellungsorientierte Definition nach [Hantsch & Li et al. 2013] in der vorliegenden Arbeit verwendet:

Ein Infrastrukturabschnitt[2] ist dann ein **Engpass**, wenn andere Fahrten wegen der Belegung auf diesem Infrastrukturabschnitt so stark beeinträchtigt werden, dass der Betrieb auf benachbarten Abschnitten behindert und damit die Betriebsqualität negativ beeinflusst wird, d.h. dieser Infrastrukturabschnitt betriebsbehindernd wirkt [Hantsch & Li et al. 2013].

Nach dieser Definition wirkt ein Infrastrukturabschnitt als ein Engpass, wenn die behinderungsbedingten Wartezeiten im Durchschnitt für alle Zugfahrten, die die Belegung dieses Infrastrukturabschnitts beanspruchen, soweit ansteigen, dass eine festgelegte Grenze der Betriebsqualität unterschritten wird. Dabei verursacht der Engpass stets Behinderungen auf benachbarten Infrastrukturabschnitten, wohingegen eine Behinderung der Zugfahrten im Abschnitt mit dem Engpass selbst nicht unbedingt auftreten muss. Weiter muss der Engpass selbst nicht in jedem Fall übermäßig belegt sein.

[1] Nennleistung ist die Belastung im wirtschaftlich optimalen Leistungsbereich. Nutzungsgrad der Nennleistung ist Quotient aus Belastung und Nennleistung [DB Netz AG 2008].

[2] In der vorliegenden Arbeit bezieht sich ein Infrastrukturabschnitt auf ein ungerichtetes Belegungselement oder eine Kombination mehrerer benachbarter ungerichteter Belegungselemente. Der Begriff „Belegungselement" wird in Abschnitt 2.2 definiert. Modellbezogen ist ein Belegungselement „gerichtet" oder „ungerichtet". Dieser Zusammenhang wird in Abschnitt 3.4 definiert und erläutert.

2.2 Grundbegriffe

Betriebsprogramm: Im Sinne der eisenbahnbetriebswissenschaftlichen Untersuchung ist das Betriebsprogramm die umfassende Beschreibung von Betriebsvorgängen und an diesen Vorgängen beteiligten Verkehrseinheiten je nach Aufgabenstellung im erforderlichen Detaillierungsgrad. Die wichtigsten Merkmale sind z.B.

- Menge der Verkehrseinheiten (Fahrzeuge)
- Struktur, Reihenfolge, Eigenschaften und Verhältnis der Verkehrseinheiten zueinander,
- Zeitliche Verteilung der Verkehrseinheiten, usw.

Zugmix: Struktur des Betriebsprogramms, die die Eigenschaften der Modellzüge und das anteilige Verhältnis der Zugzahl jeder Gruppe von Zügen, die einen Modellzug repräsentiert (in dieser Arbeit auch „Zuglaufgruppe“ genannt), umfasst. Der „Zugmix“ wird auch als „grobes Betriebsprogramm“ bezeichnet.

Belastung: Anzahl der Zugfahrten pro Zeitintervall im Auswertezeitraum, die für Leistungsuntersuchungen im Untersuchungsraum zu berücksichtigen sind [DB Netz AG 2008]. Eine Aussage über eine Belastung beinhaltet immer ein bestimmtes Betriebsprogramm.

Verdichtungsstufe: Der Begriff „Verdichtungsstufe“ ist ein spezifischer Begriff im Sinne der Leistungsuntersuchungen mit Simulationsverfahren (vgl. [Martin et al. 2011] in Bezug auf einen zugrunde gelegten Fahrplan (Basisfahrplan). Jede Verdichtungsstufe entspricht einer Belastung im Verhältnis zu der Belastung des Basisfahrplans. Beispielsweise hat die Verdichtungsstufe 200%, basierend auf einem Basisfahrplan mit der Belastung von 10 Zügen/h, eine Belastung von 20 Zügen/h. Eine Verdichtungsstufe stellt keinen konkreten Fahrplan, sondern die Größe einer Belastung dar. Sie kann mehrere Fahrpläne gleicher Belastung unter Beibehaltung der Struktur des Betriebsprogramms umfassen.

Eisenbahnknoten: Bahnhöfe, in denen mindestens zwei Strecken oder Abzweigstellen miteinander verknüpft sind [DB Netz AG 2008]. Eisenbahnknoten werden in der eisenbahnbetrieblichen Fachwelt oftmals vereinfacht als „Knoten“ bezeichnet. In der vorliegenden Arbeit wird der Begriff „Eisenbahnknoten“ zur Unterscheidung von dem Begriff „Knoten“ bei der Infrastrukturmodellierung verwendet.

Leistungsverhalten: In [Pachl 2011] wird das Leistungsverhalten als die Beschreibung des Zusammenhangs zwischen den drei Größen Belastung (bei gleichbleibender Struktur des Betriebsprogramms), Betriebsqualität und Bahnanlagen definiert. Dabei lässt sich aus zwei der genannten Größen als Eingangsgrößen die jeweils dritte als Ausgangsgröße ermitteln.

Leistungsfähigkeit: Auch „Kapazität" genannt, ist der Oberbegriff für verschiedene Leistungskenngrößen von Netzelementen [DB Netz AG 2008].

Maximale (theoretische) Leistungsfähigkeit (MT LF): Die Maximale Leistungsfähigkeit ist ein theoretischer Wert, der im Betriebsablauf unbegrenzte Stauerscheinungen zulässt, und hat keinen Qualitätsbezug. Sie entspricht der „in einem Netzelement durch die Organisation des Zugbetriebes im Prozess der Fahrplanerstellung auf dessen betrieblicher Infrastruktur maximal verarbeitbaren Anzahl von Zug- und Rangierbewegungen in einem bestimmten Untersuchungszeitraum" [DB Netz AG 2008].

Durchsatzbezogene Leistungsfähigkeit (DS LF): In [Chu 2014] wird die Durchsatzbezogene Leistungsfähigkeit definiert als die maximale (unter allen möglichen Zugfolgefällen) Belastung in der stationären Phase des Betriebsablaufs, bei der eine gegebene Infrastruktur mit gegebenem groben Betriebsprogramm (Zugmix) mit maximalem Durchsatz unter Beibehaltung des Zugmixes (Eingangsbelastung = Ausgangsbelastung) arbeitet. Eine weitere Erhöhung der Belastung führt zu einem verminderten Anwachsen bzw. einer Veränderung des Zugmixes des Ausgangsstroms.

Fahrplanleistungsfähigkeit: In [Pachl 2011] wird die Fahrplanleistungsfähigkeit als die maximale Zahl konstruierbarer Fahrplantrassen unter vorgegebenen betrieblichen Randbedingungen definiert. Sie stellt den oberen Grenzwert für die Fahrplankonstruktion dar.

Optimaler Leistungsbereich (OLB): Bei gegebenem Untersuchungsraum und Betriebsprogramm bezeichnet der Optimale Leistungsbereich das Intervall von Belastungen, dessen Untergrenze durch die Belastung mit minimaler relativer Empfindlichkeit der Wartezeitfunktion und dessen Obergrenze durch die Belastung mit maximaler Beförderungsenergie gegeben ist (vgl. [Hertel 1992], [Schmidt 2009] und [Chu 2014]). Für die Belastungen innerhalb dieses Bereichs liegt gleichzeitig eine wirtschaftlich optimale sowie kundenfreundliche Auslastung des Untersuchungsraums bei gegebenem Betriebsprogramm vor.

Urverspätung: Außerplanmäßige Fahr- und Haltezeiten infolge technischer, verkehrlicher, betrieblicher Störungen oder sonstiger ungeplanter Ereignisse.

Folgeverspätung: Außerplanmäßige Fahr- bzw. Haltezeit von Zügen, die infolge der konfliktbedingten Behinderungen durch andere Züge auftritt. Im realen Betrieb treten Folgeverspätungen entweder behinderungsbedingt als außerplanmäßige Wartezeiten oder synchronisationsbedingt als außerplanmäßige Synchronisationszeiten in Erscheinung. Im Sinne der Untersuchungen in der vorliegenden Arbeit sind Synchronisationszeiten unter stochastischen Bedingungen nicht explizit berücksichtigt, weshalb die Folgeverspätung insgesamt als **behinderungsbedingte Wartezeit** verstanden werden kann.

Belegungselement: In der vorliegenden Arbeit bezieht sich ein Belegungselement auf einen Teil der befahrbaren Infrastruktur. Es kann gerichtet (z.B. Fahrstraße) oder ungerichtet (z.B. Strecke oder Teilstrecke) sein. In Kapitel 3.4 werden die verfeinerten Begriffe „Basisstruktur“ als ungerichtetes und „Fahrwegkomponente“ als „gerichtetes“ Belegungselement eingeführt.

2.3 Methodik bei Leistungsuntersuchungen

Die Methodik zu eisenbahnbetriebswissenschaftlichen Leistungsuntersuchungen wird nach [Pachl 2011] grundsätzlich in zwei Klassen eingeteilt:

- Analytische Methode
- Simulative Methode

Die analytische Methode basiert auf mathematischen Berechnungsmodellen, in denen die eisenbahnbetrieblichen Ereignisse nach ihren Eigenschaften abstrahiert werden. Daraus werden zu bewertende Kenngrößen und Erwartungswerte berechnet. Die simulative Methode ist dagegen eine experimentelle Methode, in der die statistisch gesicherten Kennwerte aus einer hinreichenden Anzahl an „Betriebsversuchen“ gewonnen werden. Bei beiden Methoden existieren bereits Ansätze zur Ermittlung von Engpässen, die jedoch nur die Stellen aufspüren, an denen auch die jeweiligen Symptome auftreten. Im Folgenden werden die theoretischen Grundlagen von analytischen und simulativen Methoden sowie ihre Anwendungen bei der Engpassanalyse vorgestellt.

2.3.1 Analytische Methode

Die analytische Methode ist eine gängige Methode bei Leistungsuntersuchungen, die mittels mathematischer Analyse des Systems funktioniert und die Betrachtung des Eisenbahnsystems nach [Potthoff 1972] als Bedienungssystem voraussetzt. Ein Untersuchungsraum wird dementsprechend in Bedienungs- und Wartesysteme zerlegt und modelliert, für die dann Erwartungswerte für Wartezeiten und Warteschlangenlängen mit den Berechnungsmodellen ermittelt werden. Diese wiederum liegen der Beurteilung des Leistungsverhaltens, d.h. dem Zusammenhang zwischen der Leistungsfähigkeit (Zugzahl pro Zeiteinheit) und der Betriebsqualität, zugrunde. Bei analytischen Methoden werden Erwartungswerte nicht für einen konkreten Fahrplan sondern für ein vorgegebenes Betriebsprogramm mithilfe von Störungen nach mathematischen Verteilungen ermittelt.

Bei der analytischen Methode werden Strecken und Eisenbahnknoten verschieden berechnet und untersucht, weil Strecken und Eisenbahnknoten jeweils als einkanalige oder mehrkanalige Bedienungssysteme unterschiedlich modelliert werden. Eine geschlossene Lösung bei der analytischen Leistungsuntersuchung ist derzeit jedoch nur für Strecken möglich, da eine Strecke je Richtung unkompliziert in mehrere Teilstrecken als einkanaliges Bedienungssystem aufgeteilt und berechnet werden kann. So werden für eine Strecke die Kennwerte verketteter Belegungsgrad[3] und Erwartungswert der Wartezeiten ermittelt (vgl. [Gast et al. 2014] und [Pachl 2011]).

Im Vergleich zu Strecken ist der Berechnungsaufwand für Eisenbahnknoten mit komplexer Gleisstruktur überproportional hoch. Bei der analytischen Untersuchung wird ein Eisenbahnknoten in Fahrstraßenknoten und Gleisgruppen aufgeteilt, wobei Gleisgruppen als mehrkanalige Bedienungsstellen und Fahrstraßenknoten als spezielle Bedienungssysteme (multiresource queue [Nießen 2008]) modelliert werden. Um die Berechnungskomplexität zu verringern, werden das Berechnungsverfahren und

[3] Verketteter Belegungsgrad: Grad der zeitlichen Auslastung einer Teilstrecke durch Sperrzeitentreppen unter Berücksichtigung der sich durch die Verkettung der Zugfolge ergebenden nicht nutzbaren Zeitlücken [Pachl 2011].

das bedienungstheoretische Modell für Strecken analog für Eisenbahnkonten eingesetzt, indem ein Fahrstraßenknoten in mehrere einkanalige Bedienungsstellen - Teilfahrstraßenknoten (siehe Abschnitt 3.3.1) – aufgeteilt wird. Für jeden Teilfahrstraßenknoten werden die Belastung und der Erwartungswert der Wartezeiten berechnet, die für die Bewertung von Engpässen zugrunde liegen.

In [UIC 2011] wird ein Kompressionsverfahren zur Berechnung des Kapazitätsverbrauchs einer Infrastruktur für einen gegebenen Fahrplan beschrieben, bei dem die Sperrzeitentreppen aller Zugfahrten unter Beibehaltung der Mindestzugfolgezeiten zusammengeschoben werden. Dieses Verfahren ist in der Praxis jedoch nur für Strecken anwendbar (z.B. [Khadem Sameni et al. 2011] und [Landex et al. 2006]), da die Einsetzbarkeit für Eisenbahnknoten wegen unüberschaubarer Fahrtmöglichkeiten noch nicht methodisch umgesetzt und nachgewiesen wurde ([Lindner 2011] und [Lindner et al. 2010]). In praktischen Anwendungen kann die analytische Methode für die Untersuchung komplexer Eisenbahninfrastruktur zusätzlich durch die konstruktive Methode ergänzt werden (vgl. [Uhlmann et al. 2004]).

2.3.2 Simulative Methode

Im Vergleich mit dem mathematischen Modell bei der analytischen Methode ist die simulative Methode eine experimentelle Methode, mit der die Untersuchungsergebnisse durch mehrere „Versuche" bestimmt werden. Mit der simulativen Methode können vielfältige betriebliche Szenarien auf komplexen Infrastrukturen möglichst realitätsnah widergespiegelt werden, die mit der analytischen Methode aufgrund der hohen Berechnungskomplexität schwierig zu ermitteln sind. Durch die Berechnung der Abweichung von geplanten und realisierten Zeitverbräuchen der simulierten Zugläufe werden zu bewertende Kenngrößen (z.B. Wartezeit) ermittelt. Die simulative Methode lässt sich je nach Art der Betriebsdurchführung nach [Pachl 2011] folgendermaßen untergliedern:

- Asynchrone Simulationsverfahren
- Synchrone Simulationsverfahren

Bei asynchronen Simulationsverfahren (z.B. LUKS [Janecek et al. 2010]) werden alle Fahrten in ihrem gesamten Verlauf berechnet, durch Sperrzeitentreppen abgebildet und entsprechend ihrem Rang (primär) sowie ihrer zeitlichen Reihenfolge (sekundär) nacheinander (asynchron) eingelegt. Synchrone Simulationsverfahren (z.B.

mit den Simulationswerkzeuge RailSys [RMCon 2010] oder OpenTrack [OpenTrack]) bilden alle Fahrten in jedem Zeitschritt gleichzeitig (synchron) nach und ermöglichen dadurch eine sehr gute Modellierung des realen Betriebsablaufs. Die beiden Simulationsverfahren besitzen Vor- und Nachteile. Das Einsetzen eines Simulationsverfahrens bei Leistungsuntersuchungen hängt von der konkreten Aufgabenstellung ab. In [Martin et al. 2013] werden die Anwendungen und Ergebnisse von synchronen und asynchronen Simulationsverfahren für makroskopische Leistungsuntersuchungen gegenübergestellt. Bei den Ansätzen in der vorliegenden Arbeit werden die an Infrastruktur- oder Fahrwegabschnitten auftretenden Behinderungen unter mikroskopischer Betrachtung erfasst und analysiert, bei denen die Zeit-Wege-Linien in der Folge „gebogen“ werden, was sich in Verschiebungen innerhalb der zugehörigen Sperrzeitentreppe sowie der einzelnen Sperrzeiten widerspiegelt. Ein solches „Verbiegen“ von Zeit-Wege-Linien kann nur mit synchroner Simulation abgebildet werden. Im Vergleich dazu, sind bei asynchroner Simulation Behinderungen lediglich durch Verschieben der gesamten Zeit-Wege-Linie (d.h. der unveränderten Sperrzeittreppe) zwischen zwei Halten darstellbar, sodass die asynchrone Simulation für die Untersuchungen in dieser Arbeit nicht zielführend ist.

Ursprünglich war für die simulative Methode bei Leistungsuntersuchungen problematisch, dass die Zugzahl zur Beschreibung eines wirtschaftlich optimalen Leistungsbereichs nur mit sehr hohem Aufwand durch manuelle Steigerung der Belastung bestimmt werden konnte. Eine ausreichende Menge der Stichproben für statistisch gesicherte Ergebnisse sind aus diesem Grund schwierig zu erhalten. In [Schmidt 2009] und [Martin et al. 2010] wurde erstmals der Ansatz zur Automatisierung der Generierung von Fahrplänen mit verschiedenen Stufen eingebracht, der in [Chu 2014] und [Martin & Chu 2013] weiterentwickelt und in einer Bewertungssoftware PULEIV [Martin et al. 2011] umgesetzt wurde. Dadurch kann eine große Anzahl von Fahrplänen beliebiger Belastungsstufen innerhalb einer kurzen Zeit automatisch generiert werden, sodass der Aufwand zur Vorbereitung von Stichproben erheblich abnimmt.

Aufgrund der überwiegenden Vorteile für die mikroskopische Engpassanalyse im Rahmen der vorliegenden Arbeit wird die synchrone simulative Methode eingesetzt.

2.4 Leistungsuntersuchungen mit der simulativen Methode

2.4.1 Durchsatzbezogene Leistungsfähigkeit

Bei der Bewertung des Leistungsverhaltens eines Untersuchungsraums stellt die Wartezeitfunktion (schwarze Kurve in Abbildung 2-1) den Zuwachs der mittleren Wartezeiten in Abhängigkeit von der zunehmenden Belastung dar, die gegen einen maximalen Belastungswert konvergiert. Aufbauend auf den Theorien von [Hertel 1992] und [Schmidt 2009] wurde in [Chu 2014] der Ansatz zur Bestimmung der Durchsatzbezogenen Leistungsfähigkeit (DS LF) mit der simulativen Methode unter Berücksichtigung der transienten Phase entwickelt. Die Durchsatzbezogene Leistungsfähigkeit entspricht dabei der maximalen Belastung unter Beibehaltung der Struktur des Betriebsprogramms.

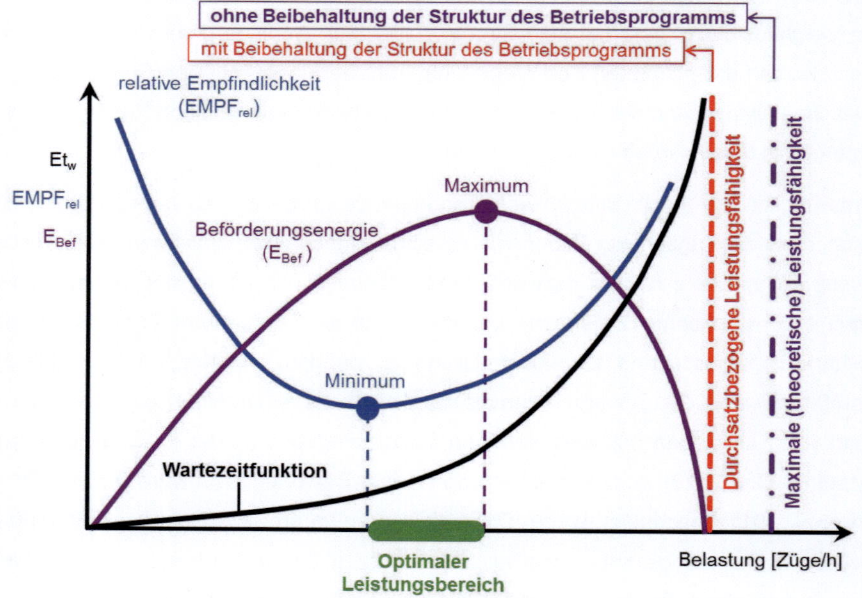

Abbildung 2-1: Bewertung des Leistungsverhaltens bei Leistungsuntersuchungen (Quelle: [Martin & Li 2014] vgl. [Chu 2014])

2.4.2 Optimaler Leistungsbereich

Aus der Wartezeitfunktion und der Durchsatzbezogenen Leistungsfähigkeit wird der globale Indikator „Optimaler Leistungsbereich“ (OLB) abgeleitet, der ein wirtschaftlich optimales Leistungsverhalten beschreibt (Abbildung 2-1).

Da der Untersuchungsraum mit den Fahrplänen einer Belastung im Optimalen Leistungsbereich auch eine optimale Betriebsqualität widerspiegelt, ist es aus praktischer Perspektive heraus gesehen sinnvoll, diese Fahrpläne für die Festlegung der Bewertungsmaßstäbe[4] bei der Engpassanalyse in der vorliegenden Arbeit zugrunde zu legen (ausführliche Erläuterung in Abschnitt 4.3).

2.4.3 Berücksichtigung von stochastischen Einflüssen

Der Betriebsablauf im Schienenverkehr wird oftmals von stochastischen Bedingungen beeinflusst. Stochastische Einflüsse bilden sich dabei nicht nur aus den bereits erwähnten stochastisch auftretenden Störungen, sondern es wird auch für die Ankunftsabstände und die Beförderungszeiten eine stochastische Verteilung angenommen ([Chu 2014], [Martin & Chu 2013] und [Bungartz et al. 2013]). Aus diesen Gründen ist ein deterministisches Verfahren für die Engpassanalyse kaum geeignet. Für die Untersuchung in der vorliegenden Arbeit wird ein Simulationsverfahren eingesetzt, das auf der Monte-Carlo-Methode basiert. Die Monte-Carlo-Methode geht allgemein von einer hinreichenden Anzahl an zufälligen Stichproben aus, um verschiedene unregelmäßige stochastisch auftretende Störfälle möglichst abzudecken. Um die stochastischen Einflüsse zu modellieren, werden die Fahrpläne für die Engpassanalyse in dieser Arbeit nach dem Verfahren in [Chu 2014] und [Martin & Chu 2013] für verschiedene Belastungsstufen unter Beibehaltung der Struktur des angegebenen Betriebsprogramms zufällig generiert.

2.4.4 Strukturierung der Leistungsuntersuchung

In [Schmidt 2009] wurde die Methodik der makroskopischen Leistungsuntersuchung mit Simulationsverfahren zusammengefasst. Ergänzt mit den mikroskopischen Un-

[4] Für die Engpassanalyse werden ausgewählte Kenngrößen berechnet und bewertet. Für jede Kenngröße wird ein Bewertungsmaßstab festgelegt, der die geeichten Zahlenwerte für die Bewertungsstufen der Engpässe angibt.

tersuchungen aus [Martin et al. 2012] (vgl. [Hantsch & Li et al. 2013]) wird die Struktur umfassender Leistungsuntersuchungen mit Simulationsverfahren in Abbildung 2-2 verdeutlicht. Dabei sind Simulationen nach unterschiedlichen Anwendungen in Fahrplansimulation (auch Einfachsimulation) und Betriebssimulation (auch Mehrfachsimulation) zu unterscheiden. Mit einer Fahrplansimulation wird ein vorhandener Fahrplan simuliert, so dass vorhandene Konflikte in Form von außerplanmäßigen Wartezeiten ermittelt und behoben werden können. Bei der Betriebssimulation wird ein Fahrplan mit Störungen auf statistischen oder empirischen Verteilungen ([Cui et al. 2014]) belegt und simuliert. In vielen praktischen Anwendungen (z.B. [Daubertshäuser et al. 2013], [Martin et al. 2007], [Martin et al. 2008] und [Fechner 2014]) werden Betriebssimulationen zur Ermittlung der Betriebsqualität (z.B. Verspätungsanalyse, im Sinne dieser Strukturierung wird die Betriebsqualität durch den Indikator Verspätungskoeffizient beschrieben) eingesetzt.

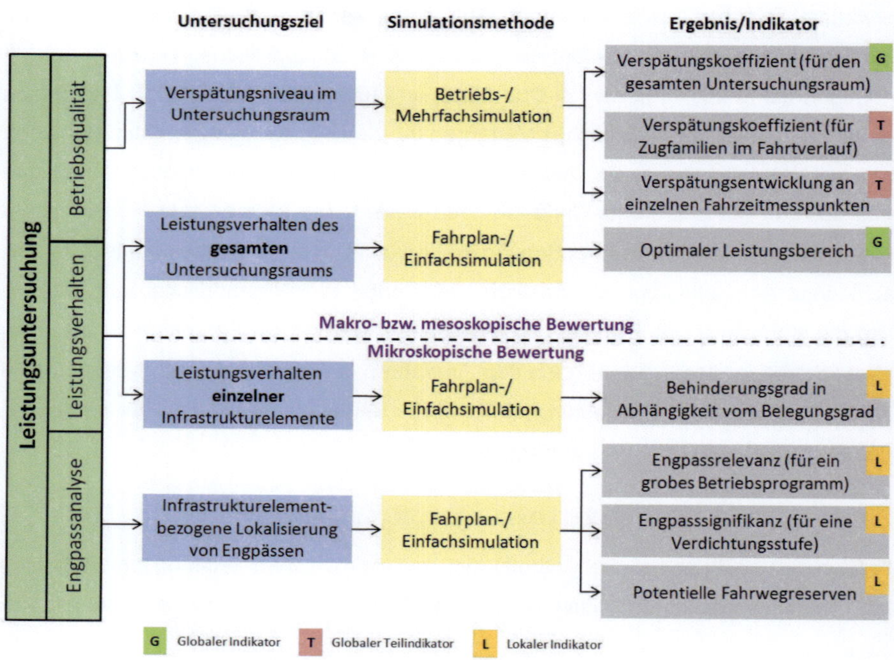

Abbildung 2-2: Strukturierung der allgemeinen Leistungsuntersuchung (Quelle: [Martin et al. 2012])

Je nach Aufgabenstellung wird bei Leistungsuntersuchungen ein Untersuchungsraum unter Beibehaltung einer angegebenen Struktur des Betriebsprogramms durch die Betriebsqualität hinsichtlich der Fähigkeit des Verspätungsabbaus (Verspätungsniveau) und das Leistungsverhalten beschrieben. Darüber hinaus wird erforderlichenfalls eine Engpassanalyse durchgeführt, um Maßnahmen zur Verbesserung der Betriebsqualität und des Leistungsverhaltens abzuleiten. In Abhängigkeit von der zu erfüllenden Zielsetzung kommen makro- bzw. mesoskopische oder mikroskopische Ansätze zur Anwendung. Die Durchführung von Leistungsuntersuchungen wird durch verschiedene Werkzeuge unterstützt, die in [Weigand et al. 2014] diskutiert werden. Für die weitergehende Untersuchung in der vorliegenden Arbeit werden das synchrone Simulationswerkzeug RailSys [RMCon 2010] und die Bewertungssoftware PULEIV [Martin et al. 2011] eingesetzt.

2.5 Aufgabenstellung der Engpassanalyse bei Leistungsuntersuchungen

Bei allen Bewertungsverfahren müssen Aussagen zielorientiert getroffen werden. Bei der Entwicklung der Bewertungsverfahren stellt sich die Frage, welche Aufgaben erfüllt und welche Probleme gelöst werden sollen. In [Hantsch & Li et al. 2013] werden häufig vorkommende Fragestellungen zusammengefasst, die durch die Engpassanalyse beantwortet werden sollen:

- Wo befinden sich potenzielle Engpässe in einem Untersuchungsraum, die zukünftig bei einer erhöhten Belastung wirksam werden können?
- Wie stark kann ein Betriebsprogramm verdichtet werden, bevor die potenziellen Engpässe tatsächlich wirksam werden, d.h. ab welcher Belastung werden Engpässe signifikant? Die Gegenfrage lautet: Wie stark muss ein Betriebsprogramm ausgedünnt werden, sodass ursprünglich signifikant wirksame Engpässe nur noch potenziellen Charakter besitzen?
- Welche betrieblichen Maßnahmen (z.B. Nutzung alternativer Fahrwege oder Anpassung der Pufferzeiten) sind sinnvoll, um zu vermeiden, dass Engpässe bei konkreten Fahrplänen wirksam werden?
- Welche infrastrukturellen Maßnahmen führen zu einer Reduzierung von relevanten Engpässen?
- In welchem Umfang lässt sich die Infrastrukturauslastung durch die Engpassanalyse noch erhöhen?

Aus den obengenannten Fragestellungen werden zwei Hauptaufgaben bei der Engpassanalyse in [Hantsch & Li et al. 2013] festgelegt, an denen sich die Bewertungsansätze in der vorliegenden Arbeit orientieren:

1. Diagnose: Mit der Engpassanalyse sollen Engpässe im Untersuchungsraum vollständig geortet werden. Dabei ist zwischen dem Vorhandensein eines Engpasses und dessen Wirksamwerden zu unterscheiden. Für eine gegebene Infrastruktur werden Engpässe sowohl für einen konkreten Fahrplan als auch für ein grobes Betriebsprogramm identifiziert. Engpässe werden entsprechend nach ihrer Relevanz und Signifikanz bewertet.
2. Therapie: In Abhängigkeit von den Ergebnissen der Diagnose werden geeignete Maßnahmen ermittelt, die die Wirkungen der Engpässe oder die Zahl der Engpässe reduzieren können. Hierzu gehören die Anpassung einzelner Fahrten, strukturelle Anpassung des Betriebsprogramms sowie Optimierung der Infrastruktur und des Betriebsprogramms. Bereits bei der Neubauplanung soll vor allem eine mangelhafte Infrastrukturgestaltung vermieden werden, wenn durch die Engpassanalyse die entsprechenden Ursachen in der Infrastruktur ermittelt wurden. Im Falle von vorhandenen Infrastrukturen wird zunächst geprüft, ob mit betrieblichen Maßnahmen das Ziel – die Reduzierung der Wirkung der Engpässe – erfüllbar ist, während der im Betriebsprogramm zugrunde gelegte Verkehrsbedarf (Basisbelastung und Struktur des Betriebsprogramms) beibehalten wird. Dabei ist jedoch zu beachten, dass durch die vorgeschlagenen Maßnahmen keine neuen negativen Wirkungen an anderen Stellen entstehen sollten.

2.6 Zielstellung der vorliegenden Arbeit

Bei eisenbahnbetriebswissenschaftlichen Leistungsuntersuchungen existieren zurzeit bereits eine Reihe von geschlossenen Lösungen zur Ermittlung von Leistungsfähigkeit, Betriebsqualität und Leistungsverhalten für einen gesamten Untersuchungsraum. Das Ziel einer Leistungsuntersuchung ist allerdings nicht nur Aussagen über aktuelle oder geplante Fälle zu treffen, sondern auch Lösungen zu finden, die die Leistungsfähigkeit erhöhen oder das Leistungsverhalten verbessern. Dieses Ziel wird durch die detaillierte Identifikation und Behandlung von Problemen mittels Engpassanalyse erreicht. Aufgrund der hohen Komplexität der Gleisstruktur von Eisenbahnknoten werden die Bewertungen für Strecken und Eisenbahnknoten oftmals getrennt betrachtet, wobei jedoch das Zusammenwirken von Strecken und Eisenbahnknoten sowie die Bestandteile in Eisenbahnknoten nicht genügend berücksichtigt werden. Das Ziel der vorliegenden Arbeit ist es daher, ein allgemeingültiges Verfahren zur mikroskopischen Engpassanalyse mit Simulationsverfahren zu entwickeln, um das oben genannte Ziel der Leistungsuntersuchung zu erreichen und die bisherigen Beschränkungen bei der Bewertung zu überwinden. Darüber hinaus ermöglicht es eine komplette Leistungsuntersuchung von der makroskopischen bis hin zur mikroskopischen Betrachtung, sodass die Fragestellungen in Abschnitt 2.5 beantwortet werden können.

Dies erfolgt durch folgende Arbeitsschritte:

- Zur Engpasserkennung werden zunächst vorhandene Infrastrukturmodelle gegenübergestellt und daraus ein geeignetes Modell für die komplette Untersuchung ausgewählt.
- Basierend auf vorhandenen Kenngrößen bei Leistungsuntersuchungen werden zwei neue Kenngrößen für die Engpassanalyse vorgeschlagen, mit denen Engpässe nicht nur für einen konkreten Fahrplan, sondern auch für ein grobes Betriebsprogramm bewertet werden können.
- Das Grundkonzept der Engpassanalyse in der vorliegenden Arbeit besteht darin, Engpässe aus zwei Perspektiven – der Entstehung und der Ursache – zu betrachten. Hinsichtlich des Konzepts wird die Bewertung in zwei Phasen unterteilt: Zuerst werden Engpässe im Untersuchungsraum präzise lokalisiert. Hierzu werden Ansätze zur Lokalisierung von potenziellen Engpässen eines groben Betriebsprogramms und signifikanten Engpässen einer Verdichtungsstufe anhand der zwei neuen Kenngrößen entwickelt. Im nächsten Schritt werden die Ursachen der erkannten Engpässe bestimmt, um geeignete Maßnahmen zielorientiert abzuleiten. Für die Ursachenfindung wird ein Suchalgorithmus entwickelt, mit dem die tatsächlichen Ursachen einzelnen Belegungselementen zugeordnet werden können.
- Nachdem der Ort eines Engpasses bekannt ist, werden Einflussfaktoren in der Infrastrukturgestaltung und dem Betriebsprogramm je nach infrastruktureller Lage zusammengefasst und mögliche Maßnahmen vorgeschlagen.

- In Kombination mit der makroskopischen Leistungsuntersuchung wird das standardisierte Verfahren zur Engpassanalyse mit Simulationsverfahren weiter entwickelt und in der Bewertungssoftware PULEIV umgesetzt.

Alle vorgeschlagenen Methoden werden anhand von Fallbeispielen geprüft. Dabei werden mehrere Varianten verglichen und aus den hierbei gewonnenen Erkenntnissen Empfehlungen zur praktischen Anwendung abgeleitet.

3 Modelle zur Engpassanalyse

Bei Leistungsuntersuchungen können die Eisenbahninfrastruktur und der Betrieb je nach Aufgabenstellung und erforderlichem Detaillierungsgrad in unterschiedlichen Modellen beschrieben werden. Für die Engpassanalyse spielt die sinnvolle Modellauswahl für aussagekräftige Ergebnisse eine wichtige Rolle. Nur mit einem geeigneten Modell können ausgewählte Kenngrößen zielführend berechnet und bewertet werden. Im Folgenden werden deshalb verschiedene Modelle und ihre Anwendungen diskutiert und daraus ein geeignetes Modell für weitere Untersuchungen ausgewählt.

3.1 Makroskopische Modelle

Bei makroskopischen Modellen wird das Eisenbahnnetz oder -teilnetz als eine Menge von Knoten, die durch Kanten miteinander verknüpft werden, modelliert. Im Allgemeinen werden Betriebsstellen und Bahnhöfe als Knoten, sowie Strecken oder Streckenabschnitte als Kanten modelliert. In Abbildung 3-1 wird ein Beispielteilnetz als makroskopisches Knoten-Kanten-Modell modelliert, wobei jeder Knoten einen Eisenbahnknoten (Bahnhof) und jede gerichtete Kante eine Relation zwischen zwei Knoten darstellt.

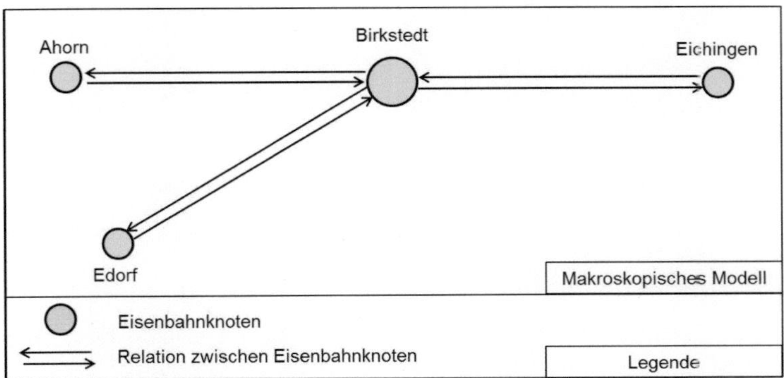

Abbildung 3-1: Beispielteilnetz im makroskopischen Knoten-Kanten-Modell

Für eine globale Betrachtung wird in der Engpassanalyse ein makroskopischer Modellansatz verwendet. Durch die Ermittlung von Belastungen und Wartezeiten werden überlastete Streckenabschnitte und Eisenbahnknoten mit schlechter Betriebsqualität als Engpässe identifiziert. In [Frank 2013] und [Kettner 2005] werden verschiedene aufgabenorientierte Methoden zur makroskopischen Engpassanalyse beschrieben. Die Engpassanalyse mit makroskopischen Modellen ermöglicht einen Überblick über die Verteilung und Wirkung von Engpässen im zu untersuchenden Netz oder Teilnetz. Daher eignet sich die makroskopische Engpassanalyse insbesondere für die langfristige Netzplanung mit dem Ziel, eine gleichmäßige Belastungsverteilung im Netz unter einzuhaltenden Rahmenbedingungen anzustreben.

3.2 Mesoskopische Modelle

Im Vergleich zu makroskopischen Modellen, werden Knoten bei der analytischen Methode in mesoskopischen Modellen aufgrund der unterschiedlichen Funktionalität in Fahrstraßenknoten und Gleisgruppen aufgeteilt (siehe Abbildung 3-2), wodurch die Belegung und Nutzung von Knoten detaillierter als bei der makroskopischen Betrachtung widergespiegelt werden kann.

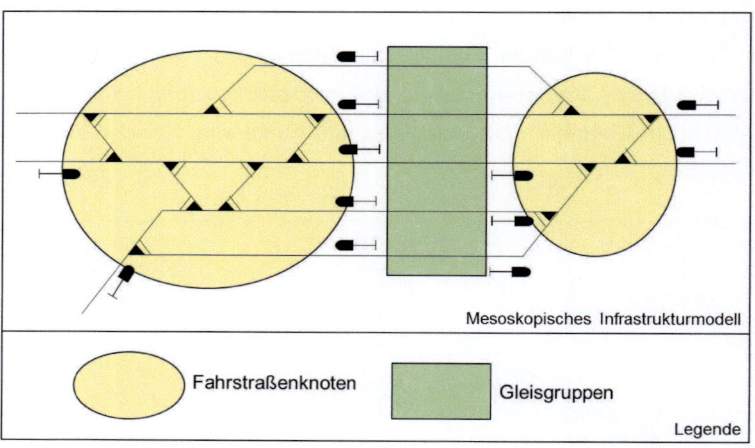

Abbildung 3-2: Aufteilung eines Beispielbahnhofs in Fahrstraßenknoten und Gleisgruppen

In [Pachl 2011] wird ein Fahrstraßenknoten definiert als ein durch Hauptsignale begrenzter Gleisbereich, in dem mehrere Fahrwege von Zügen durch Weichen und/oder Kreuzungen miteinander verbunden sind. Die Funktion von Fahrstraßenknoten besteht darin, das Einfädeln von Zügen aus verschiedenen Strecken bzw. Richtungen oder das Ausfädeln von Zügen in verschiedene Strecken bzw. Richtungen zu ermöglichen, wobei sich im Fahrstraßenknoten selbst keine Wartepositionen im Sinne der Bedienungstheorie befinden. Eine Gleisgruppe ist eine Bündelung mehrerer Gleise zwischen zwei Fahrstraßenknoten, in denen betriebliche und verkehrliche Prozesse wie Halten, Abfahren, Wenden, usw. stattfinden. Die Bewertung von Gesamtfahrstraßenknoten ist aufgrund der Verkettungsfälle verschiedener Zugfahrten im gesamten Weichenbereich kompliziert. Mit dem Verfahren in [Nießen 2008] werden Leistungs- und Qualitätskenngrößen für Gesamtfahrstraßenknoten mithilfe der Warteschlangentheorie unter Berücksichtigung der Verkettung von Zugfahrten ermittelt. Allerdings ist die Wirkung der Teilfahrstraßenauflösung und Wartezeiten in Gesamtfahrstraßenknoten aufgrund der behinderungsbedingten Geschwindigkeitsänderung schwierig zu ermitteln, sodass demzufolge die daraus abgeleitete Leistungsfähigkeit und Wartezeiten von der Realität abweichen können.

3.3 Vorhandene mikroskopische Modelle

Die in den Abschnitten 3.1 und 3.2 beschriebenen Modelle werden für eine grobe Evaluation eines Eisenbahnnetzes verwendet. Für das Ziel einer detaillierten Lokalisierung von Engpässen in der Infrastruktur sind makro- und mesoskopische Modelle nur sehr eingeschränkt nutzbar. Für eine detaillierte Engpassanalyse in der vorliegenden Arbeit werden daher mikroskopische Modelle eingesetzt. Im Folgenden werden zwei vorhandene mikroskopische Modelle vorgestellt. Ausgehend davon wird in Abschnitt 3.4 erläutert, weshalb die vorhandenen Modelle für die Untersuchung in dieser Arbeit nicht zielorientiert sind und deshalb ein neues Modell benötigt wird.

3.3.1 Teilfahrstraßenknoten

Für eine detaillierte Untersuchung wird ein Fahrstraßenknoten bei analytischen Methoden in Teilfahrstraßenknoten (TFK) (vgl. [Schwanhäußer 1978]) aufgeteilt (graue Hinterlegungen in Abbildung 3-3).

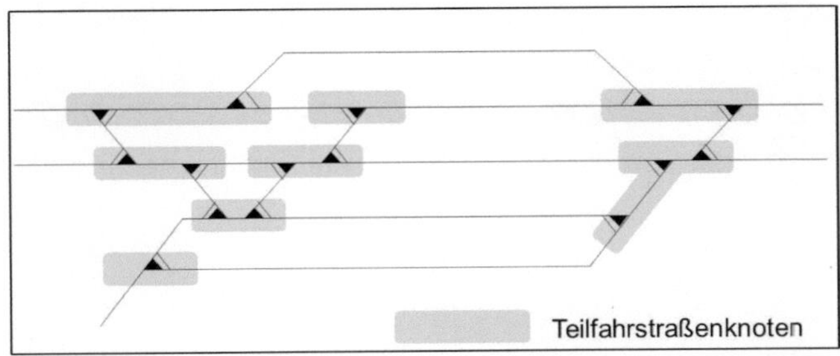

Abbildung 3-3: Infrastrukturmodellierung eines Beispielbahnhofs in Teilfahrstraßenknoten (TFK)

Ein TFK wird nach der Bedienungstheorie als einkanalige Bedienungsstelle betrachtet, in der maximal eine Fahrmöglichkeit zu einem Zeitpunkt stattfinden kann. Ein TFK umfasst benachbarte Weichen nach vordefinierten Kriterien. Nach der Bedienungstheorie sind TFK Bedienungsstellen und Gleise Warteräume. Um einen Verlust der Züge im System zu vermeiden, werden bei analytischen Verfahren die Warteräume als unendlich betrachtet, d.h. es können unendlich viele Züge auf den Gleisen warten. Um diese Annahme der unendlichen Warteräume zu ermöglichen, sollen im analytischen Modell keine Abhängigkeiten zwischen den TFK bestehen, sodass jeder TFK als eigenständiges Bedienungssystem untersucht werden kann. Die verketteten Belegungen und Behinderungen können deswegen nicht direkt ermittelt werden. Nach dem am häufigsten verwendeten Verfahren zur infrastrukturbezogenen Abgrenzung von TFK, gemäß den Regeln in [Vakhtel 2002] und [DB Netz AG 2008], werden TFK in einem Beispielbahnhof, wie in Abbildung 3-3 veranschaulicht, abgegrenzt. Für die Abgrenzung von TFK liegt der Spurplan der Infrastruktur vor. Die Standorte von Signalen und Zugschlussstellen sind dabei nicht berücksichtigt.

3.3.2 Knoten-Kanten-Modell

In [Radtke 2005] (s.a. [Radtke 2008]) wird eine Infrastruktur in einem gerichteten Knoten-Kanten-Graph modelliert (Abbildung 3-4). Dabei sind Knoten nicht zerlegbare Infrastrukturelemente (Signale, Weichenanfang- und ende, Zugschlussstellen, usw.) und Trennungspunkte mit unterschiedlichen infrastrukturellen Eigenschaften (z.B. Änderung der Geschwindigkeit), die durch Kanten verknüpft werden. Bei diesem Modell können infrastrukturelle Informationen als Eigenschaften sowohl für Knoten als auch für Kanten detailliert angegeben werden. Dieses mikroskopische Infrastrukturmodell wird im synchronen Simulationswerkzeug RailSys [RMCon 2010] zur realitätsnahen Abbildung der Infrastruktur eingesetzt. Bei der Simulation wird für jede Kante die Belegungszeit bei der Betriebsabwicklung detailliert protokolliert, wodurch eine detaillierte Datenanalyse der umfassenden Leistungsuntersuchung ermöglicht wird.

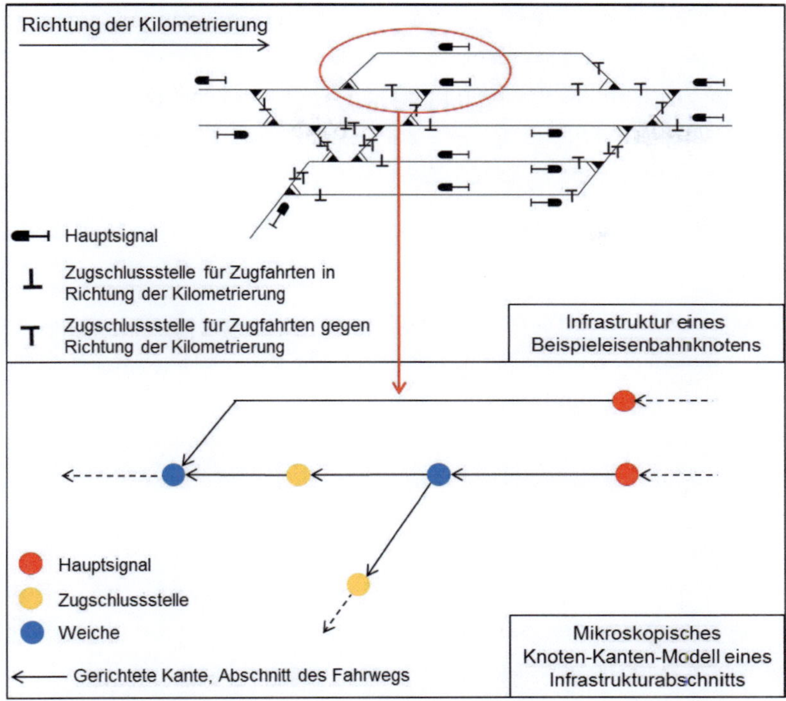

Abbildung 3-4: Mikroskopischer Knoten-Kanten-Graph

3.4 Neues mikroskopisches Modell

Mit dem im vorangegangenen Abschnitt erläuterten mikroskopischen Knoten-Kanten-Modell werden infrastrukturelle Informationen der Knoten und Kanten hinreichend detailliert beschrieben und auch betriebliche Informationen detailliert erfasst. Für die Engpassanalyse müssen solche diskreten Informationen zielorientiert zugeordnet werden, um die Kenngrößen zur Identifizierung von Engpässen zu ermitteln. Aus diesem Grund liegt das Ziel der Infrastrukturmodellierung für die mikroskopische Engpassanalyse mit der simulativen Methode darin, eine Infrastruktur so zu unterteilen, dass einerseits die gewünschten Kenngrößen aus den zugrunde gelegten Simulationsdaten berechenbar sind und andererseits Engpässe anhand der Kenngrößen hinreichend lokalisiert werden können. Für dieses Ziel wurde ein neues mikroskopisches „Zwei-Ebenen–Infrastrukturmodell" (nachfolgend als **„Zwei-Ebenen-Modell"** bezeichnet) im Rahmen des DFG-Forschungsprojekts am Institut für Eisenbahn- und Verkehrswesen ([Martin & Li 2014]) entwickelt, das die wesentlichen Anforderungen für mikroskopische Leistungsuntersuchungen erfüllt. Die zugehörigen Vorteile werden in Praxisanwendungen in [Martin et al. 2014], [Martin & Li 2013] und [Martin et al. 2012] veranschaulicht. In der vorliegenden Arbeit basieren alle methodischen Ansätze zur Engpassanalyse auf diesem „Zwei-Ebenen-Modell“, das aus Fahrwegkomponenten und Basisstrukturen besteht.

Mit diesem neuen Modell wird eine Eisenbahninfrastruktur auf zwei sich überlappenden Ebenen modelliert:

- Ebene 1 – Modellierung der Infrastruktur in einem gerichteten Graph, dessen Kanten gerichtete Belegungselemente sind. Die gerichteten Belegungselemente sind als **Fahrwegkomponenten** definiert.
- Ebene 2 - Aufteilung der Infrastruktur in ungerichtete Belegungselemente, die als **Basisstrukturen** bezeichnet werden.

3.4.1 Ebene 1 – Fahrwegkomponente

Definition: Eine **Fahrwegkomponente (FK)** ist das kleinste gerichtete Belegungselement auf einem Fahrweg, das gesondert aufgelöst werden kann (z. B. Fahrstraße oder Abschnitt einer Fahrstraße). Nach dieser Definition kann eine Fahrwegkomponente zu jedem Zeitpunkt gleichzeitig nur von maximal einem Zug beansprucht werden ([Martin & Li 2014], vgl. [Martin et al. 2012]). Der Fahrweg eines Zugs kann durch Aneinanderreihung von Fahrwegkomponenten abgebildet werden.

Eine Fahrwegkomponente ist begrenzt durch zwei Knoten mit der Richtung vom Startknoten zum Endknoten; dabei sind die Knoten Infrastrukturelemente (Signal oder Zugschlussstelle) oder Schnittpunkte an der Grenze des Untersuchungsraums. Die Pfeile des Beispiels in Abbildung 3-5 stellen die Fahrwegkomponenten in einem Beispielbahnhof dar. Anhand der Start- und Endknoten wird eine Fahrwegkomponente bezeichnet als $FK_{(Startknoten,Endknoten)}$.

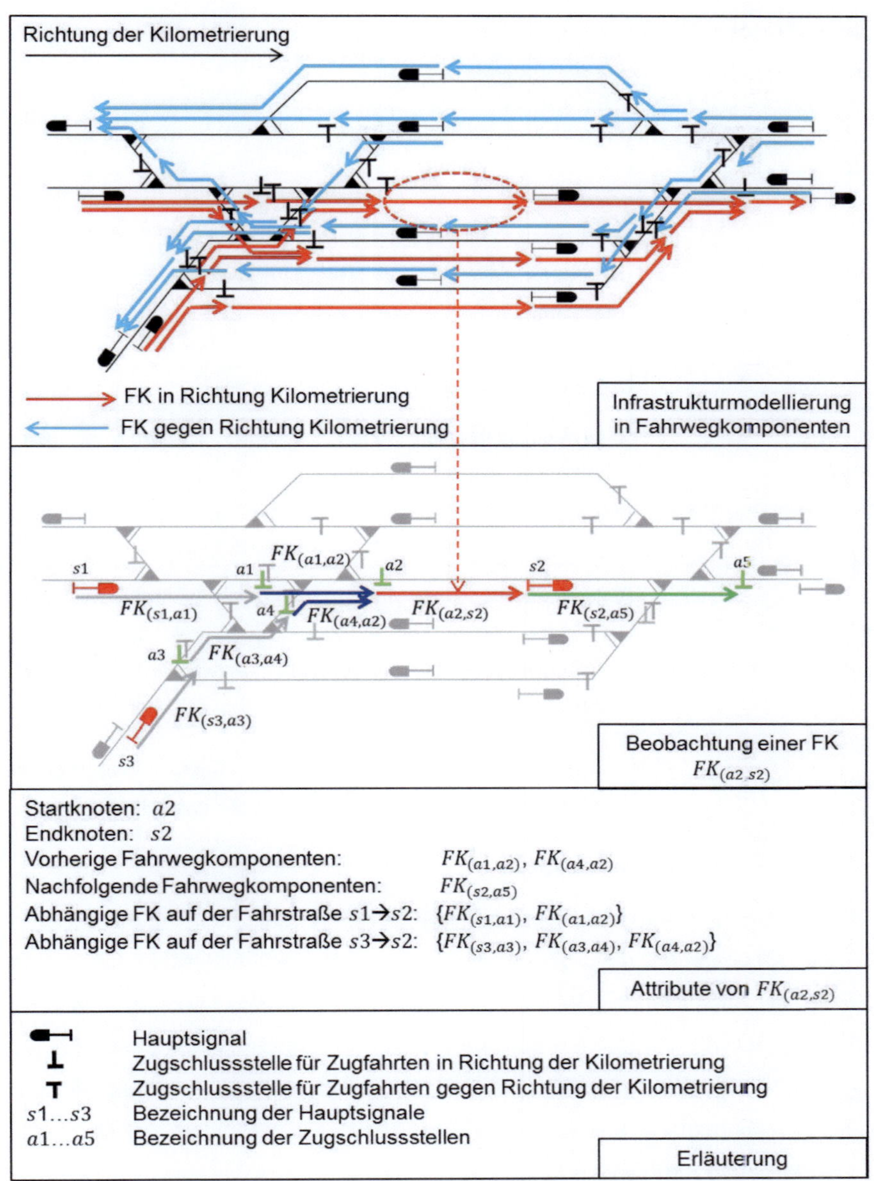

Abbildung 3-5: Infrastrukturmodellierung des Beispieleisenbahnknotens in Fahrwegkomponenten

Eine Fahrwegkomponente besitzt die in Tabelle 3-1 aufgeführten Attribute. Die Attribute von Fahrwegkomponenten dienen der Zuordnung von zusammenhängenden

Fahrwegkomponenten für die Berechnung von Kenngrößen und der Ursachenfindung von Engpässen entlang der Fahrwege.

Attribut	Beschreibung
Startknoten	Infrastrukturelemente wie Hauptsignal, Zugschlussstelle oder Schnittpunkte an der Grenze des Untersuchungsraums Je nach eingesetztem Simulationswerkzeug kann der Startknoten mit eigenen Attributen wie ID, Typ, Kilometrierung, usw. beschrieben werden.
Endknoten	Äquivalent zu Startknoten
Vorherige Fahrwegkomponenten	Fahrwegkomponenten, deren Endknoten identisch mit dem Startknoten dieser Fahrwegkomponente sind. Sie sind die letzten belegten Fahrwegkomponenten vor der betrachteten Fahrwegkomponente auf denselben Fahrwegen.
Nachfolgende Fahrwegkomponenten	Fahrwegkomponenten, deren Startknoten identisch mit dem Endknoten dieser Fahrwegkomponente sind. Sie sind die unmittelbar nach der betrachteten Fahrwegkomponente auf denselben Fahrwegen zu belegenden Fahrwegkomponenten.
Abhängige Fahrwegkomponenten auf derselben Fahrstraße	Fahrwegkomponenten, die mit der betrachteten Fahrwegkomponente zur selben Fahrstraße gehören.

Tabelle 3-1: Attribute einer Fahrwegkomponente

Für eine Fahrwegkomponente $FK_{(a2,s2)}$ im Beispiel in Abbildung 3-5 werden die Attribute detailliert dargestellt. $FK_{(a2,s2)}$ startet von einer Fahrstraßenzugschlussstelle $(a2)$ und endet bei einem Hauptsignal $(s2)$. Sie besitzt zwei vorherige Fahrwegkomponenten $FK_{(a1,a2)}$ und $FK_{(a4,a2)}$, sowie eine nachfolgende Fahrwegkomponente $FK_{(s2,a5)}$. $FK_{(a2,s2)}$ gehört zu zwei Fahrstraßen $s1 \rightarrow s2$ und $s3 \rightarrow s2$, die jeweils eine bestimmte Menge von abhängigen Fahrwegkomponenten $\{FK_{(s1,a1)}, FK_{(a1,a2)}\}$ und $\{FK_{(s3,a3)}, FK_{(a3,a4)}, FK_{(a4,a2)}\}$ besitzen.

3.4.2 Ebene 2 - Basisstruktur

Bei Simulationsverfahren können betriebliche Vorgänge der Zugfahrten auf einzelnen Fahrwegkomponenten erfasst werden, sodass die Berechnung von Kenngrößen für diese gerichtete Belegungselemente ermöglicht wird. Da Engpässe auch Infrastrukturabschnitte im Untersuchungsraum sind, können Engpässe durch Fahrwegkomponenten nicht explizit veranschaulicht werden. Engpässe können erst exakt lokalisiert werden, wenn die Infrastruktur zusätzlich in hinreichend kleine Untersuchungseinheiten zerlegt wird. Aus diesem Grund wird eine Infrastruktur auf einer zweiten Ebene modelliert, wobei die Infrastruktur in ungerichtete Belegungselemente – **Basisstrukturen (BS)** – aufgeteilt wird (Abbildung 3-6). Die zentrale Frage bei der Unterteilung der Infrastruktur ist, wie groß eine Untersuchungseinheit sein soll und nach welchen Kriterien sie abgegrenzt wird. Um eine eindeutige Berechnung zu ermöglichen, wird eine Basisstruktur als eine einkanalige Bedienungsstelle abgegrenzt, die zu jedem Zeitpunkt maximal durch eine Zugfahrt belegt werden kann.

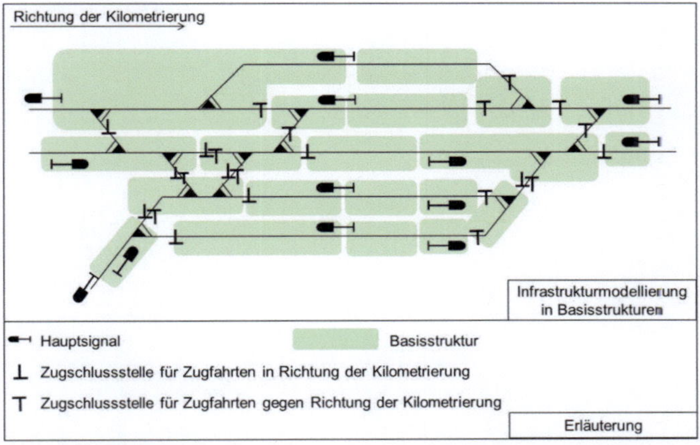

Abbildung 3-6: Aufteilung der Infrastruktur des Beispieleisenbahnknotens in Basisstrukturen

Definition: Eine **Basisstruktur (BS)** ist ein zusammenhängender Teil der befahrbaren Infrastruktur, der als ungerichtetes Belegungselement in allen Richtungen durch

- das nächstliegende Signal,
- die nächstliegende Signalzugschlussstelle,
- die nächstliegende Fahrstraßenzugschlussstelle (Zugschlussstellen der Teilfahrstraßenauflösung miteinbegriffen)
- oder den Rand des Untersuchungsraums

begrenzt wird ([Martin & Li 2014]). Analog zu dieser Definition wird der Beispielbahnhof in Abbildung 3-6 in Basisstrukturen (grüne Hinterlegungen) aufgeteilt.

3.4.3 Zwei-Ebenen-Modell

Die Infrastrukturmodellierung mit dem **Zwei-Ebenen-Modell** erfolgt durch die Überlappung der zwei obengenannten Ebenen: **Fahrwegkomponenten** und **Basisstrukturen**.

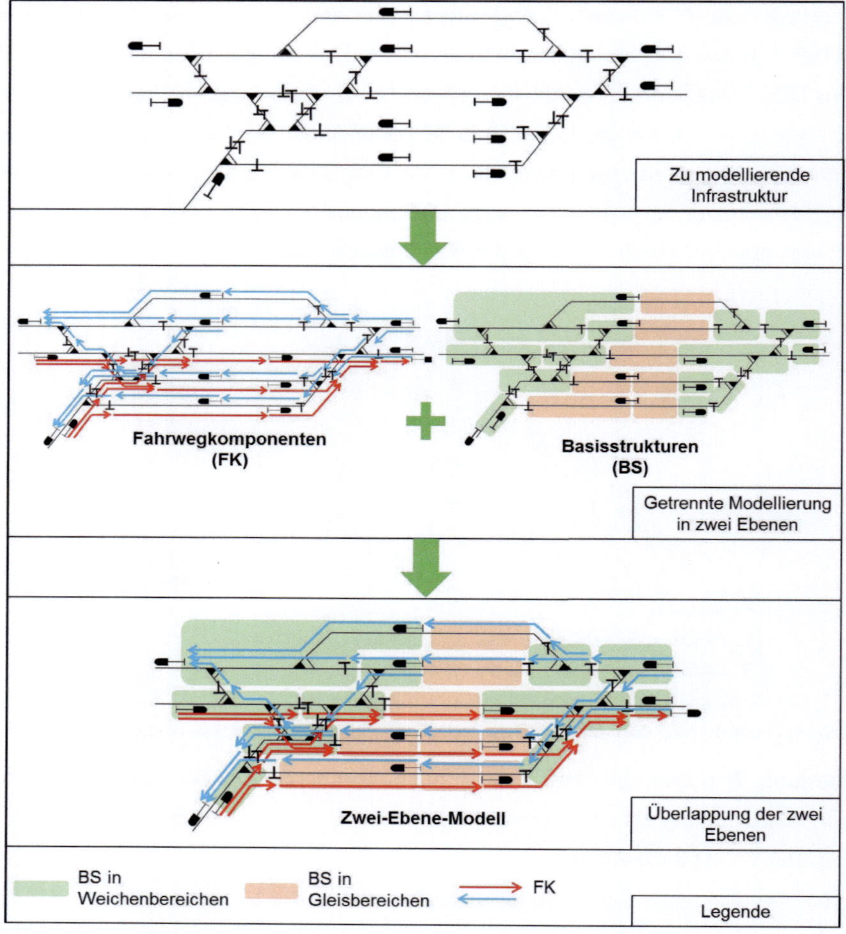

Abbildung 3-7: Darstellung der Infrastrukturmodellierung im Zwei-Ebenen-Modell

In Abbildung 3-7 wird die Vorgehensweise der Infrastrukturmodellierung mit dem Zwei-Ebenen-Modell dargestellt. Für eine gegebene Infrastruktur werden die Ebenen Fahrwegkomponenten und Basisstrukturen zuerst separat modelliert. Durch die Überlappung der beiden Ebenen werden Fahrwegkomponenten und Basisstrukturen gegenseitig zugeordnet, wobei jede Fahrwegkomponente eine oder mehrere zugehörige Basisstrukturen besitzt und eine Basisstruktur von einer oder mehreren Fahrwegkomponenten überdeckt werden kann. Die Berechnungs- und Bewertungsverfahren in den kommenden Abschnitten beruhen auf der Zuordnung von Fahrwegkomponenten und Basisstrukturen.

3.5 Schlussfolgerung

Je nach Aufgabenstellung kann eine zu untersuchende Infrastruktur makroskopisch, mesoskopisch oder mikroskopisch abgebildet werden. In [Weigand et al. 2014] und [Oetting et al. 2003] werden existierende Werkzeuge zur Abbildung der in den Abschnitten 3.1, 3.2 und 3.3 beschriebenen Infrastrukturmodelle vorgestellt.

Für die weitere Untersuchung zur Engpassanalyse in der vorliegenden Arbeit wird das mikroskopische **Zwei-Ebenen-Modell** (Abschnitt 3.4) eingesetzt, da dieses mit der Zielstellung der Arbeit am besten übereinstimmt. Das Modell bietet folgende Vorteile:

- Die Zuordnung von Fahrwegkomponenten und Basisstrukturen bei diesem Modell ermöglicht die Transformation von den kleinsten gerichteten Belegungselementen zu den ungerichteten Belegungselementen als Grundlage für die Berechnung von Kenngrößen.
- Da jede Fahrwegkomponente die Information über die vorherigen und nachfolgenden Fahrwegkomponenten enthält, kann ein betrieblicher Fahrweg aufeinanderfolgender Fahrwegkomponenten einfach zugeordnet werden. Die Verfolgung von Behinderungen (Folgeverspätungen) für die Ursachenfindung von Engpässen profitiert sehr stark von dieser Eigenschaft.
- Das Modell ist besonders geeignet für die simulative Methode. Wenn Infrastruktur und Fahrplan hinreichend detailliert im Simulationswerkzeug abgebildet werden, können Betriebsabläufe entsprechend genau protokolliert werden, so dass die Belegungszeiten (sowohl im Fahrplan als auch bei der Betriebsabwicklung) für jede Zugfahrt und jede Fahrwegkomponente ermittelbar sind. Bei den meisten

verfügbaren Simulationswerkzeugen können die für die Ermittlung der Kenngrößen benötigen Daten aus Simulationsprotokollen entnommen werden. Durch die Zuordnung von Fahrwegkomponenten und Basisstrukturen werden die aus Simulationen ermittelten Daten entsprechend zusammengefasst.

- Im Vergleich mit dem Modell der Teilfahrstraßenknoten wird bei dem Zwei-Ebenen-Modell mit der simulativen Methode das Zusammenwirken von Fahrten durchgängig über die gesamte Infrastruktur hinweg berücksichtigt. Darüber hinaus können Gleisbereiche mit diesem Modell genauso modelliert und berechnet werden wie Weichenbereiche.

Die Unterteilung der gesamten Infrastruktur in Fahrwegkomponenten und Basisstrukturen erfolgt rechnergestützt automatisch, da die Bildungsvorschriften eindeutig und vollständig spezifiziert sind (Abschnitt 3.4.1 und 3.4.2). Die Infrastrukturmodellierung mit dem Zwei-Ebenen-Modell wurde in der vom Institut für Eisenbahn- und Verkehrswesen entwickelten Bewertungssoftware PULEIV ([Martin et al. 2011]) umgesetzt. Aus den zugrunde gelegten detaillierten Infrastrukturdaten werden die benötigten Informationen für das Modell entnommen und zusammengefasst sowie hieraus die Infrastruktur auf zwei Ebenen abgebildet.

4 Methoden zur Lokalisierung von Engpässen

Wie bereits in der Zielstellung in Abschnitt 2.6 beschrieben, wird bei der Engpassanalyse zunächst die Entstehung von Engpässen betrachtet und anschließend ermittelt, wo sich Engpässe in einem Untersuchungsraum befinden und wann sie in Erscheinung treten. In Abschnitt 4.1 wird die Wirksamkeit von Engpässen bei steigender Belastung diskutiert, auf der das Konzept der Lokalisierung von Engpässen beruht.

Im Rahmen des DFG-Forschungsprojekts [Martin & Li 2014] (s.a. [Li & Martin 2015]) wurde die Methode zur Lokalisierung von Engpässen entwickelt (Abschnitt 4.2), worauf aufbauend die Ansätze in der vorliegenden Arbeit weiterentwickelt werden (Abschnitt 4.3). Mit diesen Methoden können Engpässe sowohl für eine konkrete Verdichtungsstufe als auch für ein grobes Betriebsprogramm erkannt werden. Darüber hinaus wird eine Lösung zur Bestimmung von maßgebenden Engpässen im Untersuchungsraum vorgeschlagen.

4.1 Wirksamkeit von Engpässen

Bei den meisten vorhandenen Verfahren werden Engpässe nur für eine konkrete Belastung untersucht. Im Rahmen des DFG-Projekts [Martin & Li 2014] wurde eine Methode entwickelt, die Aussagen über Engpässe auch unabhängig von einer bestimmten Belastung bei gleichem Betriebsprogramm ermöglicht. Diese Methode beruht auf der Wirksamkeit von Engpässen bei veränderter Belastung, die in diesem Abschnitt hinsichtlich unterschiedlicher Fragestellungen diskutiert wird.

4.1.1 Engpassrelevanz - Potenzieller Engpass bei grobem Betriebsprogramm

In einem Eisenbahnsystem entstehen Engpässe nur unter bestimmten Nutzungsbedingungen, z.B. unter dem Zusammenspiel von Betriebsprogramm und Infrastruktur oder einer bestimmten Belastung. Die bisherigen Methoden zur Engpassanalyse beschränken sich jedoch auf die Bewertung einer konkreten Belastung eines Betriebsprogramms, wobei Engpässe nur für eine bestimmte Leistungsanforderung (Belastung) erkennbar werden. Es können daher keine Aussagen getroffen werden, ob ein unter dem untersuchten Fall nicht als Engpass erkannter Infrastrukturabschnitt bei einer erhöhten Belastung als Engpass wirksam werden könnte. Um eine erhöhte

Leistungsfähigkeit durch die Optimierung des Zusammenspiels von Betrieb und Infrastruktur zu gewinnen, ist es sinnvoll, bei der Engpassanalyse neben den signifikanten Engpässen unter einer bestimmten Belastung auch die potenziellen Engpässe bei erhöhten Belastungen erkennen zu können. In [Hantsch & Li et al. 2013] (s.a. [Martin & Li 2014], [Martin et al. 2014] und [Li & Martin 2015]) wurde hierzu der Begriff „**Engpassrelevanz**“ (EPR) eingeführt, um auch potenzielle Engpässe bei zunehmender Belastung zu beschreiben:

„Die **Engpassrelevanz (EPR)** beschreibt die Wahrscheinlichkeit, dass ein Infrastrukturabschnitt als Engpass unter bestimmten Bedingungen in Erscheinung tritt und verdeutlicht somit das Engpasspotenzial innerhalb eines Untersuchungsraums bei Anwendung eines Betriebsprogramms.“

Engpässe mit hoher Relevanz sind die unter zunehmender Belastung am empfindlichsten reagierenden Bereiche (Infrastrukturabschnitte). Grundsätzlich enthält jeder Untersuchungsraum solche Engpässe, die letztlich auch für die Durchsatzbezogene Leistungsfähigkeit maßgebend sind (vgl. nachfolgender Abschnitt 4.3.1). Mit den Aussagen über die Engpassrelevanz werden die beiden wesentlichen Fragen beantwortet, nämlich wann und in welcher Form diese Engpässe wirksam werden. Ob ein potenzieller Engpass in Erscheinung tritt oder nicht, hängt dabei in der Realität von dem festgelegten Qualitätsmaßstab[5], der Struktur des Betriebsprogramms und der Belastung ab. Darüber hinaus können Maßnahmen gezielt auf die maßgebenden Engpässe (in Abhängigkeit von der Engpassrelevanz) abgestimmt werden, um die gesamte Leistungsfähigkeit des Untersuchungsraums zu erhöhen und gleichzeitig die Wirksamkeit der Engpässe in eine höhere Belastungsstufe zu verschieben. In den folgenden Abschnitten 4.2 und 4.3 wird gezeigt, wie die Engpassrelevanzen für ein grobes Betriebsprogramm des Untersuchungsraums bestimmt werden.

[5] Um die Betriebsqualität mit Kenngrößen zu bewerten, werden für die Kenngrößen Qualitätsmaßstäbe festgelegt. Die Qualitätsmaßstäbe geben an, in welcher Qualitätsstufe sich die ermittelte Kenngröße befindet.

4.1.2 Engpasssignifikanz - Signifikanter Engpass bei einer Belastung

Im Vergleich zur Engpassrelevanz werden die wirksamen Engpässe bei einer konkreten Belastung als Engpasssignifikanz (EPS) in [Hantsch & Li et al. 2013] (s.a. [Martin & Li 2014], [Martin et al. 2014] und [Li & Martin 2015]) beschrieben:

„Die **Engpasssignifikanz (EPS)** beschreibt, ob ein Engpass in Abhängigkeit von der festgelegten Grenze der Betriebsqualität, der Struktur eines bestimmten Betriebsprogramms und der betrachteten Belastung (Verdichtungsstufe) real auch tatsächlich wirksam wird.“

In der Praxis können, solange die Belastung eines Betriebsprogramms deutlich unter dem Grenzwert[6] liegt, eine Vielzahl von Engpässen mit hoher Relevanz kaum bzw. nicht erkennbar sein, da die geringe gegenseitige Behinderung der einzelnen Fahrten nur wenige Engpässe wirksam werden lässt. Die Engpasssignifikanz wird daher für eine konkrete Belastung bewertet und gibt an, ob ein Engpass bei der betrachteten Belastung wirksam ist.

In Abbildung 4-1 wird der Zusammenhang von Engpassrelevanz und Engpasssignifikanz dargestellt. Engpassrelevanzen im Untersuchungsraum sind unabhängig von der Belastung stets vorhanden und treten bei zunehmender Belastung ab dem jeweiligen Grenzwert signifikant in Erscheinung. Wird der Untersuchungsraum überlastet, werden manche Infrastrukturabschnitte zu Engpässen, auch wenn sie zunächst keine potenziellen Engpässe sind. Nähert sich die Belastung der Maximalen (theoretischen) Leistungsfähigkeit, lassen sich die einzelnen Engpässe nicht mehr klar abgrenzen, bis schließlich der gesamte Untersuchungsraum zu einem Engpass wird.

[6] Der Grenzwert kann beispielsweise die Untergrenze des optimalen Leistungsbereichs oder ein anderer empirisch festgelegter Grenzwert sein.

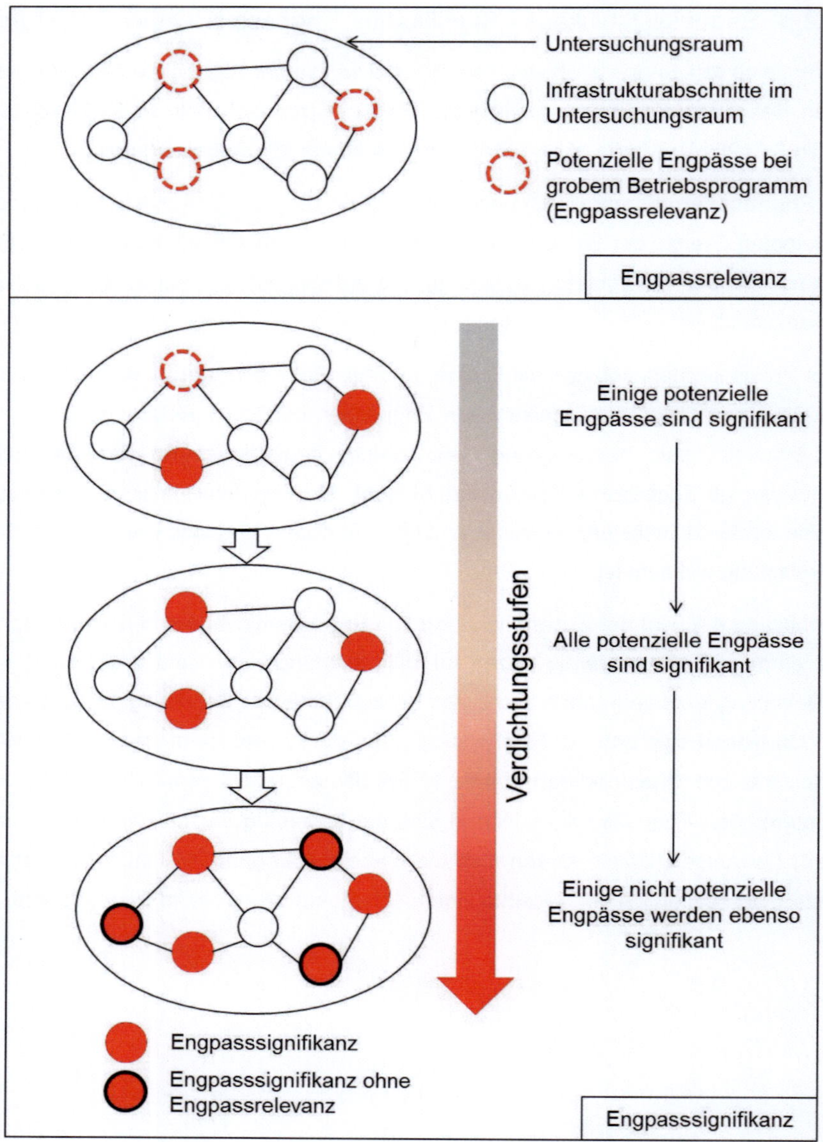

Abbildung 4-1: Zusammenhang von Engpassrelevanz und Engpasssignifikanz

Ausgehend von der Wirksamkeit der Engpässe ist es Aufgabe der Engpassanalyse nicht nur die signifikanten Engpässe bei einer bestimmten Belastung, sondern auch die potenziellen Engpässe zu erkennen. Im Rahmen des DFG-Forschungsprojekts

[Martin & Li 2014], aus dem heraus auch diese Arbeit entstand, wurde die **Drei-Kriterien–Methode** zur Lokalisierung von Engpässen entwickelt, bei der Engpässe anhand dreier Kriterien lokalisiert und priorisiert werden (siehe Abschnitt 4.2). Basierend auf diesem Konzept wird in der vorliegenden Arbeit ein **Vier-Phasen-Ansatz** entwickelt, um Engpässe zu lokalisieren und weitere Aussagen über den maßgebenden Engpass zu treffen. In den folgenden Abschnitten 4.2 und 4.3 werden die beiden Ansätze zur Lokalisierung von Engpässen erläutert.

4.2 Drei-Kriterien-Methode

Im Rahmen des zugrunde gelegten DFG-Forschungsprojekts [Martin & Li 2014] (s.a. [Li & Martin 2015]) werden Engpässen nach drei Kriterien bewertet. In diesem Abschnitt wird vorgestellt, wie Engpässe mit dieser Methode lokalisiert werden. Um Aussagen über Engpässe treffen zu können, werden ausgewählte Kenngrößen bewertet, die die Wirkungen von Engpässen sinnvoll darstellen. In Abschnitt 4.2.1 werden dazu die vorhandenen Grundkenngrößen bei Leistungsuntersuchungen vorgestellt, aus denen die spezifischen neuen Kenngrößen (Abschnitte 4.2.2 und 4.2.3) für die in Abschnitte 4.2 und 4.3 beschriebene Methoden zur Lokalisierung von Engpässen entwickelt werden.

4.2.1 Auswahl von vorhandenen Kenngrößen

Es gibt vielfältige Kenngrößen bei Leistungsuntersuchungen, die je nach Aufgabenstellung unterschiedlich eingesetzt werden. Für das Ziel der vorliegenden Arbeit, wird zuerst festgelegt, mit welchen Kenngrößen die Engpässe sinnvoll lokalisiert und die zugehörigen Ursachen bestimmt werden können. In Bezug auf [Martin & Li 2014], [DB Netz AG 2008] und [Schwanhäußer et al. 2007] werden Kenngrößen bei Leistungsuntersuchungen nach Anwendungen in drei wesentliche Kategorien eingeteilt:

- Leistungsbezogene Kenngrößen
- Infrastrukturbezogene Kenngrößen
- Qualitätsbezogene Kenngrößen

In Tabelle 4-1 werden die wichtigsten Kenngrößen jeder Kategorie aufgelistet. Je nach Aufgabenstellung gibt es weitere spezifische Kenngrößen (vgl. [DB Netz AG 2008]), die hier jedoch nicht weiter diskutiert werden.

Leistungsbezogene Kenngrößen	Definition / Beschreibung
Leistungsfähigkeit	Oberbegriff von „Durchsatzbezogene Leistungsfähigkeit", „Maximale (theoretische) Leistungsfähigkeit", „Fahrplanleistungsfähigkeit", usw. (siehe Grundbegriffe in Abschnitt 2.2)
Optimaler Leistungsbereich	siehe Grundbegriffe in Abschnitt 2.2
Infrastrukturbezogene Kenngrößen	**Definition / Beschreibung**
Belegungsgrad	Der Belegungsgrad eines Belegungselements ist der Quotient aus der Summe der Sperrzeiten (Belegungszeiten) dieses Belegungselements und dem Auswertezeitraum.
Behinderungsgrad	Der Behinderungsgrad eines Belegungselements ist der Quotient aus der Summe der behinderungsbedingten Wartezeiten dieses Belegungselements und dem Auswertezeitraum.
Qualitätsbezogene Kenngrößen	**Definition / Beschreibung**
Wartezeit	siehe Grundbegriffe in Abschnitt 2.2
Verspätungskoeffizient	Der Verspätungskoeffizient eines Untersuchungsraums ist definiert als Quotient aus Ausgangsverspätung (Ausbruchsverspätung + Endverspätung) und Eingangsverspätung (Einbruchsverspätung + Urverspätung).
Pünktlichkeitsgrad	Der Pünktlichkeitsgrad ist Anteil der Züge, die eine vorgegebene Zeitmarge der Verspätung an festzulegenden Messpunkten nicht überschreiten (Definition nach [DB Netz AG 2008]).
Warteschlangenlänge	Die Warteschlangenlänge gibt die mittlere Anzahl wartender Züge vor einer Bedienungsstelle im Untersuchungs- bzw. Auswertezeitraum an. (Definition nach [DB Netz AG 2008]).

Tabelle 4-1: Kategorisierung von Kenngrößen bei Leistungsuntersuchungen

Leistungsbezogene Kenngrößen beschreiben die Kapazität und das Leistungsverhalten des gesamten Untersuchungsraums. Sie sind globale Indikatoren, die zwar keine unmittelbaren Aussagen über Engpässe zur Verfügung stellen, jedoch im Rahmen dieser Arbeit als Kriterien zur Festlegung der Bewertungsmaßstäbe verwendet werden.

Mit den vorhandenen **qualitätsbezogenen Kenngrößen** wird die Betriebsqualität des gesamten Untersuchungsraums bewertet. Für die mikroskopische Engpassanalyse sind jedoch Aussagen für einzeln unterteilte Infrastrukturabschnitte (Belegungselemente) notwendig. Dafür sind die globalen qualitätsbezogenen Kenngrößen nicht zielführend nutzbar.

Aus diesen Gründen werden für die weitere Untersuchung **infrastrukturbezogene Kenngrößen** ausgewählt, die sich auf Belegungselemente beziehen und für einzelne Belegungselemente berechenbar sind. Allein mit den beiden Grundkenngrößen Belegungs- und Behinderungsgrad können Engpässe allerdings nicht umfassend widergespiegelt werden, weshalb in [Martin & Li 2014] (s.a. [Li & Martin 2015]) zwei neue Kenngrößen (siehe Abschnitt 4.2) entwickelt wurden, die für die mikroskopische Engpassanalyse im Rahmen dieser Untersuchung methodisch besonders geeignet sind.

Mit den infrastrukturbezogenen Kenngrößen – Belegungsgrad und Behinderungsgrad – können lokale Aussagen für ein Belegungselement (Basisstruktur) über seinen Zustand während der Betriebsdurchführung getroffen werden. Jedoch ist ein Zusammenhang mit der Entstehung von Engpässen auf diese Weise nicht unmittelbar ableitbar. Aus diesem Grund wurden mit „Nicht erfüllbare Belegungswünsche“ und „Engpassempfindlichkeit“ zwei neue Kenngrößen, die aus den Grundkenngrößen abgeleitet werden, in [Hantsch & Li et al. 2013] erstmalig eingeführt. Basierend auf diesen beiden Kenngrößen werden die Ansätze zur Engpassanalyse in der vorliegenden Arbeit entwickelt.

In den folgenden Abschnitten 4.2.2 und 4.2.3 werden die Definitionen und Berechnungsverfahren beider Kenngrößen beschrieben.

4.2.2 Neue Kenngröße - Nicht erfüllbare Belegungswünsche

In [DB Netz AG 2008] und [Warninghoff et al. 2004] wird die Kenngröße „Infrastrukturbezogene Behinderung“ zur Identifikation von Engpässen vorgeschlagen. Es werden für jede Kante, die auch ein Belegungselement darstellt, Anzahl und Größe der dort auftretenden Behinderungen ausgewiesen. Im Vergleich dazu werden für die auf dem Zwei-Ebenen-Modell basierende Engpassanalyse die Basisstrukturen (ungerichtete Belegungselemente) als Engpässe identifiziert. Deswegen sollen geeignete Kenngrößen für die Basisstrukturen berechnet und bewertet werden. Auf dieser Überlegung basierend wurde im Rahmen des DFG-Projekts [Martin & Li 2014] die neue Kenngröße **„Nicht erfüllbare Belegungswünsche“** entwickelt.

Die **Nicht erfüllbaren Belegungswünsche (NEB)** eines Belegungselements entsprechen der Summe der behinderungsbedingten Wartezeiten aller Züge, die dieses Belegungselement anfordern können und werden in einer geeigneten zeitlichen Einheit gemessen ([Martin & Li 2014], s.a. [Martin et al. 2014] und [Hantsch & Li et al. 2013]).

Dimension: Zeit pro Zug (z.B. Sekunden/Zug).

Im Sinne dieser Arbeit bezieht sich das Belegungselement auf das ungerichtete Belegungselement Basisstruktur. Die Kenngröße „Nicht erfüllbare Belegungswünsche“ repräsentiert direkt den Effekt der Engpässe und dient so zur Lokalisierung dieser, wobei ein Infrastrukturabschnitt immer dann als Engpass definiert wird, wenn er Fahrten behindert, die die Belegung auf diesem Infrastrukturabschnitt anfordern möchten (vgl. Definition „Engpass“ in Abschnitt 2.1.3).

Berechnung der Nicht erfüllbaren Belegungswünsche einer Basisstruktur BS_j für eine Verdichtungsstufe

Die „Nicht erfüllbaren Belegungswünsche“ werden für eine Basisstruktur für eine bestimmte Verdichtungsstufe (Belastung) folgendermaßen berechnet:

Schritt 1: Zuordnung der Fahrwegkomponenten mit Belegungswünschen

Um zu bestimmen, welche Züge die Belegung auf einer Basisstruktur BS_j anfordern, werden zunächst für diese Basisstruktur die jeweils zuletzt belegten Fahrwegkomponenten bestimmt, um so die betreffenden Züge zu ermitteln. Dies erfolgt durch die bereits zugeordneten Fahrwegkomponenten und Basisstrukturen mit dem Zwei-Ebenen-Modell, weil dadurch die zugehörigen Fahrwegkomponenten einer Basisstruktur und die vorherigen sowie nachfolgenden Fahrwegkomponenten einer Fahrwegkomponente bereits bekannt sind.

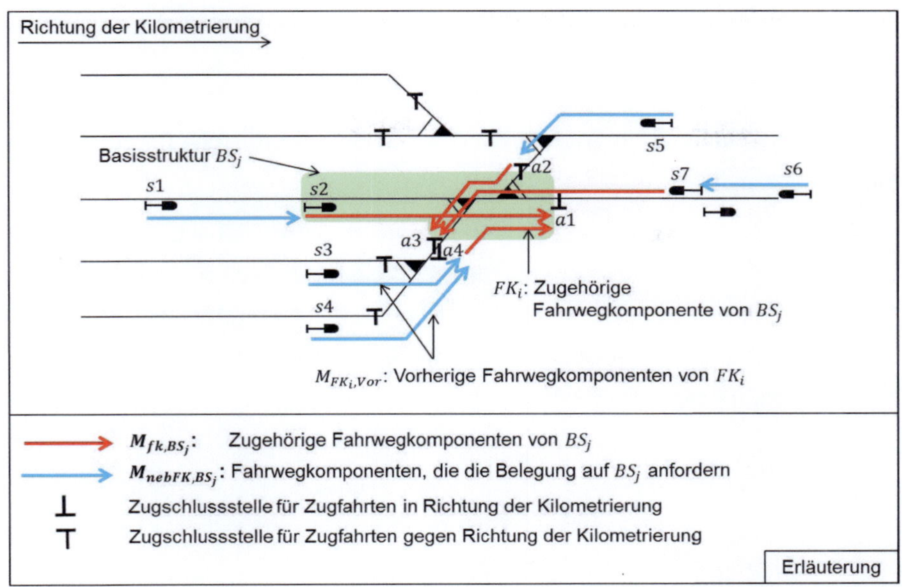

Abbildung 4-2: Zuordnung von Fahrwegkomponenten mit Belegungswünschen an einer Basisstruktur (Quelle: Modifizierte eigene Darstellung in [Martin & Li 2014])

Für eine Basisstruktur BS_j werden alle zugehörigen Fahrwegkomponenten $M_{fk,BS_j} = \{FK_1, \cdots, FK_i, \cdots, FK_{N_{FK}}\}$ bestimmt. In dem Beispiel in Abbildung 4-2 ist $M_{fk,BS_j} = \{FK_{(s2,a1)}, FK_{(a4,a1)}, FK_{(s7,a3)}, FK_{(a2,a3)}\}$ (rote Pfeile).

Für jede Fahrwegkomponente $FK_i \in M_{fk,BS_j}$ wird die Menge der vorherigen Fahrwegkomponenten (Erläuterung in Abschnitt 3.4.1) $M_{FK_i,Vor}$ ermittelt (blaue Pfeile in Abbildung 4-2). In diesem Beispiel ist exemplarisch $M_{FK_{(a4,a1)},Vor} = \{FK_{(s3,a4)}, FK_{(s4,a4)}\}$. Daraus ergibt sich die Menge der Fahrwegkomponenten mit Belegungswünschen von BS_j:

$$M_{nebFK,BS_j} = \bigcup_{FK_i \in M_{fk,BS_j}} M_{FK_i,Vor} \tag{4-1}$$

Dabei sind:

FK_i	Fahrwegkomponente i	[-]
BS_j	Basisstruktur j	[-]
M_{fk,BS_j}	Menge der zugehörigen Fahrwegkomponenten von BS_j	[-]

$M_{FK_i,Vor}$ Menge der vorherigen Fahrwegkomponenten von FK_i [-]

Hier in diesem Beispiel ist $M_{nebFK,BS_j} = \{FK_{(s1,s2)}, FK_{(s3,a4)}, FK_{(s4,a4)}, FK_{(s6,s7)}, FK_{(s5,a2)}\}$.

Schritt 2: Berechnung der Nicht erfüllbaren Belegungswünsche für einen Fahrplan

Werden die Fahrwegkomponenten mit Belegungswünschen festgelegt, ergeben sich die Nicht erfüllbaren Belegungswünsche einer Basisstruktur aus der Summe der Behinderungen der zugehörigen belegungsanfordernden Fahrwegkomponente. Für einen Fahrplan werden die Nicht erfüllbaren Belegungswünsche NEB_{BS_j} der Basisstruktur BS_j ([s/Zug]) berechnet als:

$$NEB_{BS_j} = \sum_{FK_i \in M_{nebFK,BS_j}} BH_{FK_i} \; / \; N_{Z,nebBS_j} \tag{4-2}$$

$$N_{Z,nebBS_j} = \sum_{FK_i \in M_{nebFK,BS_j}} N_{Z,FK_i} \tag{4-3}$$

Dabei sind

BH_{FK_i}	Behinderungszeit der Fahrwegkomponente FK_i, $FK_i \in M_{nebFK,BS_j}$	[s]
N_{Z,FK_i}	Anzahl der Züge, die die Fahrwegkomponente FK_i befahren	[-]
$N_{Z,nebBS_j}$	Anzahl aller Züge, die die Belegung auf BS_j anfordern. Sie entspricht der Summe der Züge, die die Fahrwegkomponenten FK_i in M_{nebFK,BS_j} befahren	[-]

Die Behinderung BH_{FK_i} in (4-2) ergibt sich aus der Differenz von Soll-Belegungszeit und Ist-Belegungszeit[7] nach folgender Formel:

$$BH_{FK_i} = IstBL_{FK_i} - SollBL_{FK_i} \tag{4-4}$$

und

[7] Die Soll-Belegungszeit eines Belegungselements entspricht der geplanten Belegungszeit der Zugtrasse auf diesem Belegungselement im Fahrplan vor der Betriebsdurchführung. Die Ist-Belegungszeit ist die realistische Belegungszeit nach der Betriebsabwicklung, die die behinderungsbedingten Wartezeiten infolge der Belegungsveränderung beinhaltet.

$$IstBL_{FK_i} = \sum_{k=1}^{N_{Z,FK_i}} (tEist_{Z_k,FK_i} - tAist_{Z_k,FK_i}) \quad (4\text{-}5)$$

$$SollBL_{FK_i} = \sum_{k=1}^{N_{Z,FK_i}} (tEsoll_{Z_k,FK_i} - tAsoll_{Z_k,FK_i}) \quad (4\text{-}6)$$

Dabei sind:

$IstBL_{FK_i}$	Ist-Belegungszeit der Fahrwegkomponente FK_i	[s]
$SollBL_{FK_i}$	Soll-Belegungszeit der Fahrwegkomponente FK_i	[s]
$tAist_{Z_k,FK_i}$	Anfangszeitpunkt der Ist-Sperrzeit nach der Betriebsdurchführung an der Fahrwegkomponente FK_i für den k-ten Zug Z_k	[hh:mm:ss]
$tEist_{Z_k,FK_i}$	Endzeitpunkt der Ist-Sperrzeit nach der Betriebsdurchführung an der Fahrwegkomponente FK_i für Zug Z_k	[hh:mm:ss]
$tAsoll_{Z_k,FK_i}$	Anfangszeitpunkt der Sperrzeit im Soll-Fahrplan an der Fahrwegkomponente FK_i für den Zug Z_k	[hh:mm:ss]
$tEsoll_{Z_k,FK_i}$	Endzeitpunkt der Sperrzeit im Soll-Fahrplan an der Fahrwegkomponente FK_i für den Zug Z_k	[hh:mm:ss]

Schritt 3: Berechnung der Nicht erfüllbaren Belegungswünsche für eine Verdichtungsstufe

Bei Nutzung der simulativen Methode werden für eine Verdichtungsstufe mehrere Fahrpläne generiert und simuliert. Für jeden Fahrplan dieser Verdichtungsstufe werden die Nicht erfüllbaren Belegungswünsche der Basisstruktur BS_j mit Schritt 1 und 2 berechnet, um aus dem Mittelwert aller Fahrpläne die Nicht erfüllbaren Belegungswünsche der Basisstruktur BS_j dieser Verdichtungsstufe berechnen zu können.

4.2.3 Neue Kenngröße - Engpassempfindlichkeit

Die **Engpassempfindlichkeit (EPE)** eines Belegungselements bezeichnet die Änderung des Behinderungsgrads in Abhängigkeit vom Belegungsgrad auf dem betreffenden Belegungselement ([Martin & Li 2014], s.a. [Martin et al. 2014] und [Hantsch & Li et al. 2013]).

Dimension: Dimensionslos.

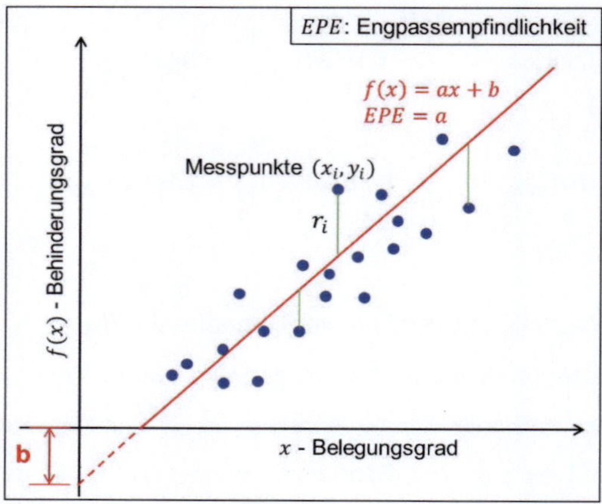

Abbildung 4-3: Ermittlung der Engpassempfindlichkeit einer Fahrwegkomponente (Quelle: eigene Darstellung in [Martin & Li 2014])

Engpassempfindlichkeit ist ein Merkmal eines groben Betriebsprogramms und entspricht der Steigung der ausgleichenden Geraden für die Datenpunkte des Belegungs- und Behinderungsgrads der Stichproben. In Abbildung 4-3 wird die Berechnung der Engpassempfindlichkeit dargestellt. Die Punkte (x_i, y_i) auf dem Graphen sind Datenpunkte aus Simulationen, die den Zusammenhang vom Belegungsgrad (x_i) und dem daraus resultierenden Behinderungsgrad (y_i) beschreiben.

Anhand der Datenpunkte wird eine Gerade approximiert (siehe Abbildung 4-3), deren Modellfunktion mit zwei linearen Parametern lautet:

$$f(x) = ax + b \tag{4-7}$$

Die Engpassempfindlichkeit (EPE) einer Fahrwegkomponente ist die Steigung der Gerade, die den Anstieg der Behinderungsgrade in Abhängigkeit von den Belegungsgraden beschreibt. Dabei ist:

$$EPE = a \tag{4-8}$$

Bei der Drei-Kriterien-Methode wird die Engpassempfindlichkeit (EPE) einer Fahrwegkomponente aus den Fahrplänen im Optimalen Leistungsbereich durch lineare Approximation ermittelt[8]. Das Berechnungsverfahren mit der Methode der kleinsten Quadrate wird in [Martin & Li 2014] detailliert beschrieben.

4.2.4 Lokalisierung von Engpässen nach drei Kriterien

Bei der Drei-Kriterien-Methode werden drei ausgewählte Kenngrößen – „Engpassempfindlichkeit", „Nicht erfüllbare Belegungswünsche" und „Belegungsgrad" – berechnet und jeweils als Kriterium (K1, K2 und K3) für die Lokalisierung von Engpässen festgelegt. Die Erkennung von Engpässen erfolgt durch die Prüfung der Basisstrukturen anhand der Kriterien. Mit den drei Kenngrößen sind die folgenden Fragen im Rahmen einer Engpassanalyse entsprechend zu beantworten ([Martin & Li 2014], [Martin et al. 2014], [Hantsch & Li et al. 2013] und [Li & Martin 2015]):

K1: Engpassempfindlichkeit

Frage: „*Wie schnell verändert sich der Behinderungsgrad mit steigendem Belegungsgrad in einem verdichteten Betriebsprogramm?*"

K2: Nicht erfüllbare Belegungswünsche

Frage: „*Wie viele Fahrten werden wegen Nicht erfüllbarer Belegungswünsche für einen Infrastrukturabschnitt behindert?*"

K3: Belegungsgrad

Frage: „*Welche Behinderung ergibt sich aufgrund der gesamten Belegungszeit eines Infrastrukturabschnitts*?"

Mit der simulativen Methode werden Fahrpläne verschiedener Belastungsstufen nach dem Verfahren von [Chu 2014], [Martin & Chu 2013] und [Schmidt 2009] unter Beibehaltung der Struktur eines Betriebsprogramms zufällig generiert. Anhand dieser Simulationsergebnisse werden daraufhin ausgewählte Kenngrößen für die Belegungselemente (Fahrwegkomponenten und Basisstrukturen) berechnet und bewertet.

---

[8] Die lineare Interpolation bei dieser Methode ist geeignet für Datenpunkte in einem relativen schmalen Bereich (z.B. OLB). Für einen breiten Bereich könnte die Datenstreuung auch in einer anderen nicht-linearen Form aussehen (siehe Diskussion im Ausblick in Abschnitt 7.1), wobei andere Interpolationsverfahren eingesetzt werden sollen.

Bei dieser Methode wird die Engpassempfindlichkeit als Kriterium K1 für alle Fahrwegkomponenten aus den Belegungs- und Behinderungsgraden innerhalb des Optimalen Leistungsbereichs ermittelt. Für einen Fahrweg werden die Differenzen der Engpassempfindlichkeiten jeweils für die beiden unmittelbar aufeinanderfolgenden Fahrwegkomponenten dieses Fahrwegs berechnet. Eine starke Abnahme der Engpassempfindlichkeiten zweier benachbarten Fahrwegkomponenten bedeutet, dass die Fahrwegkomponente mit höherer Engpassempfindlichkeit von der Fahrwegkomponente mit niedrigerer Engpassempfindlichkeit so stark behindert wird, dass ihr Behinderungsgrad erheblich schneller zunimmt als der der benachbarten Fahrwegkomponente. Die Basisstruktur auf diesem Fahrweg wird dann als Engpass identifiziert, wenn die Engpassempfindlichkeit der Fahrwegkomponente dort stark abnimmt. Für jede Basisstruktur werden die Abnahme der Engpassempfindlichkeit (K1), die Nicht erfüllbaren Belegungswünsche (K2) und Belegungsgrad (K3) mit den jeweiligen Grenzwerten[9] verglichen. Wird der Grenzwert überschritten, dann ist das entsprechende Kriterium erfüllt. Nach der Kombination der erfüllten Kriterien wird eine Basisstruktur sowohl für das grobe Betriebsprogramm als auch für eine konkrete Verdichtungsstufe als Engpass in verschiedenen Stufen „Hoch“, „Mittel“, „Niedrig“ oder „Kein Engpass“ identifiziert. Ein hohe Signifikanz eines Engpasses bedeutet, dass die betroffene Basisstruktur im Optimalen Leistungsbereich eine relativ starke Zunahme von Nicht erfüllbaren Belegungswünschen (auch Behinderungen) und einen hohen Belegungsgrad bei der betrachteten Belastung besitzt, sodass die Fahrten dort stark behindert (entspricht den hohen Nicht erfüllbaren Belegungswünschen) werden. Die hohe Relevanz weist außer der starken Zunahme von Nicht erfüllbaren Belegungswünschen noch eine überdurchschnittliche Höhe von Nicht erfüllbaren Belegungswünschen bei einem überdurchschnittlichen Belegungsgrad im Optimalen Leistungsbereich auf. Im Vergleich mit den Engpässen der Stufe „Hoch“ liegen die Belegungsgrade der Engpässe der Stufe „Mittel“ unter dem Durchschnittswert. Bei Engpässe der Stufe „Niedrig“ nehmen die Nicht erfüllbaren Belegungswünsche zwar relativ schnell zu, die Nicht erfüllbaren Belegungswünsche und Belegungsgrade liegen jedoch unter dem Durchschnitt, wodurch die betriebsbehindernde Wirkung relativ gering ist.

[9] Für jedes Kriterium wird ein Grenzwert aus dem Mittelwert der jeweiligen Kenngrößen aus den zugrunde gelegten Fahrplänen im Optimalen Leistungsbereich abgeleitet [Martin & Li 2014].

Der Bewertungsablauf wird in Abbildung 4-4 dargestellt. Diese Methode und die zugehörigen Berechnungsverfahren werden in [Martin & Li 2014] ausführlich beschrieben.

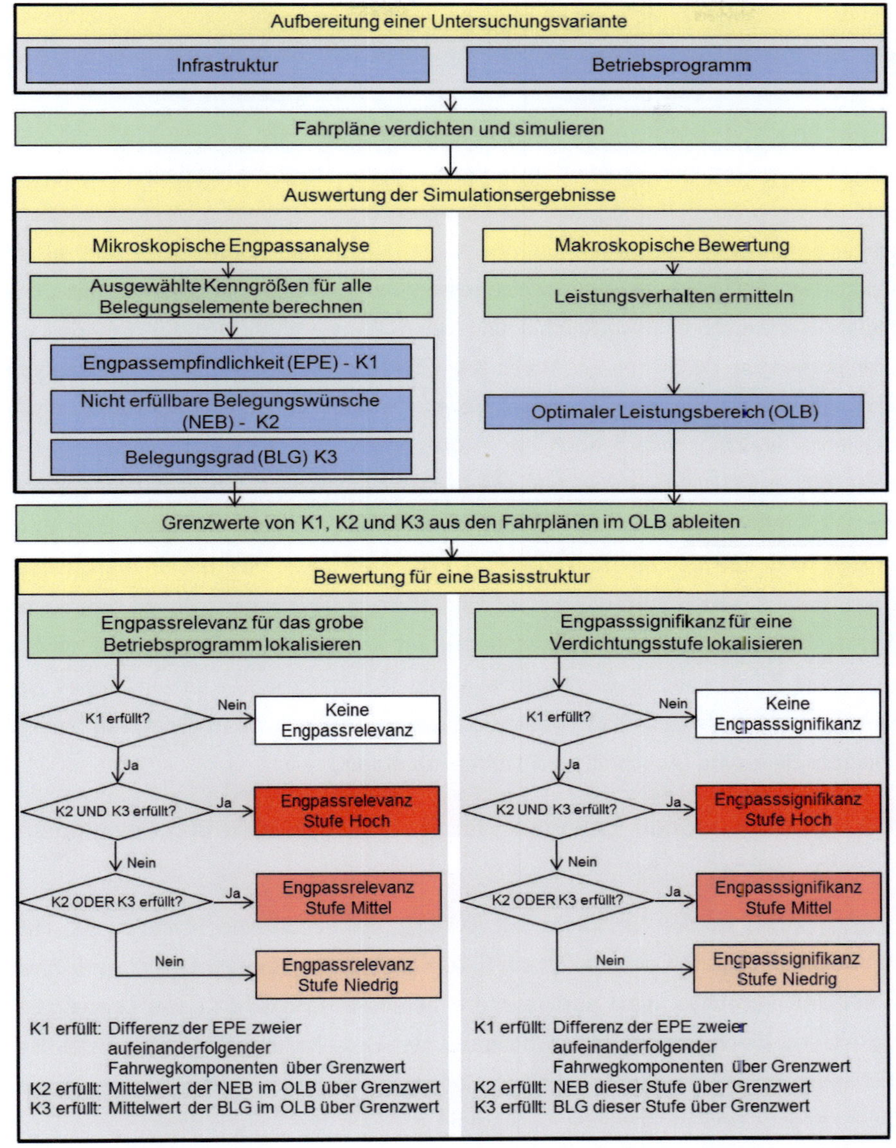

Abbildung 4-4: Ablauf zur Lokalisierung von Engpässen mit der Drei-Kriterien-Methode (Quelle: Eigene Darstellung in [Martin & Li 2014])

4.3 Vier-Phasen-Ansatz – Weiterentwicklung in der vorliegenden Arbeit

Bei der Drei-Kriterien-Methode im Rahmen des DFG-Projekts [Martin & Li 2014] werden alle Kenngrößen anhand der Fahrpläne innerhalb des Optimalen Leistungsbereichs berechnet und bewertet. Im Optimalen Leistungsbereich befindet sich das System noch in einem relativ stabilen Zustand, wobei die mittlere Wartezeit vergleichsweise langsam zunimmt. Im Vergleich dazu, steigt die Wartezeit übermäßig schnell, wenn die Belastung über der Obergrenze des Optimalen Leistungsbereichs weiter erhöht wird. Deswegen kann es auch bedeutsame Engpässe geben, die im Optimalen Leistungsbereich noch nicht erkennbar sind und erst oberhalb des Optimalen Leistungsbereichs in Erscheinung treten. Beruhend auf dem Konzept des zugrunde gelegten DFG-Projekts [Martin & Li 2014] wird der Ansatz zur Erkennung von Engpässen in der vorliegenden Arbeit weiterentwickelt, wobei nicht nur der Optimale Leistungsbereich, sondern auch der Belastungsbereich (Verdichtungsstufen) über dem Optimalen Leistungsbereich für die Bewertung berücksichtigt wird. Das Konzept der Weiterentwicklung stammt aus dem Zusammenhang des maßgebenden Engpasses und der Durchsatzbezogenen Leistungsfähigkeit des gesamten Untersuchungsraums (Abschnitt 4.3.1) und wird in Abschnitt 4.3.2 vorgestellt. Mit dem neuen Ansatz können für einen Untersuchungsraum sowohl der maßgebende Engpass (Abschnitt 4.3.6) und die Engpassrelevanzen (Abschnitt 4.3.4) für ein grobes Betriebsprogramm als auch die Engpasssignifikanzen sowie nutzbare Reserven für eine konkrete Belastung (Abschnitt 4.3.5) ermittelt werden.

4.3.1 Hintergrund - Zusammenhang von Engpässen und Leistungsfähigkeit

In [Chu 2014] werden Engpässe bei Nutzung der simulativen Methode als „fiktive“ Bedienungsstellen dargestellt, die für die Durchsatzbezogene Leistungsfähigkeit eines Untersuchungsraums maßgebend sind. Die Durchsatzbezogene Leistungsfähigkeit und die Wartezeitfunktion hängen unter Beibehaltung der Struktur des Betriebsprogramms von der „engsten“ Bedienungsstelle des Untersuchungsraums ab. Diese engste Bedienungsstelle beschränkt dadurch die Durchsatzbezogene Leistungsfähigkeit und wird als maßgebender Engpass betrachtet. In [Chu 2014] werden die Wartezeiten und die Durchsatzbezogenen Leistungsfähigkeiten von verschiedenen Bedienungsstellen (Engpässen) sowie des gesamten Untersuchungsraums wie in Abbildung 4-5 dargestellt analysiert. Hier zeigt sich, dass die Wartezeitfunktion der engsten Bedienungsstelle (maßgebender Engpass) im Vergleich zu den anderen Bedienungsstellen am nächsten an der Wartezeitfunktion des gesamten Untersuchungsraums verläuft und somit für die Durchsatzbezogene Leistungsfähigkeit maßgebend ist.

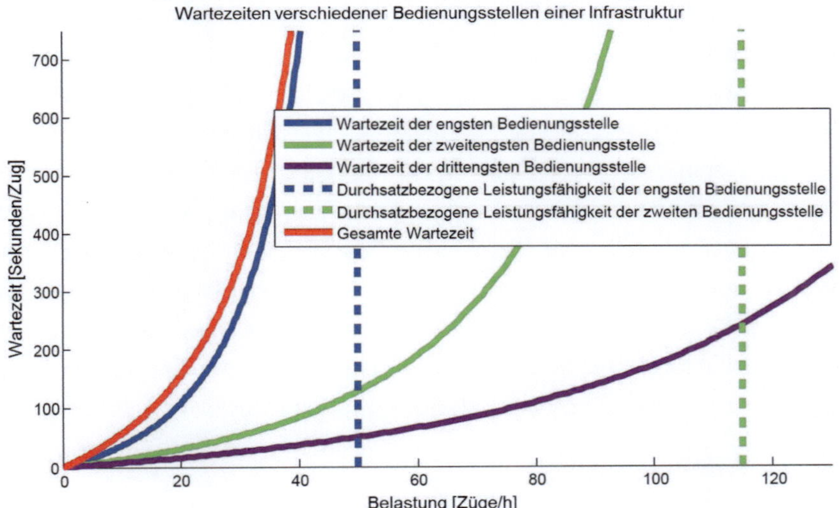

Abbildung 4-5: Verschiedene Engpässe und Durchsatzbezogene Leistungsfähigkeiten (Quelle: [Chu 2014])

Im Vergleich zur Wartezeitfunktion des gesamten Untersuchungsraums sind die Wartezeitfunktionen der einzelnen Bedienungsstellen mit der simulativen Methode nicht trivial zu ermitteln. Der Grund besteht darin, dass bei der Fahrplanverdichtung alle Zugfahrten im Untersuchungsraum stufenweise zugleich verdichtet und simuliert werden. Wenn die engste Bedienungsstelle ihre eigene Durchsatzbezogene Leistungsfähigkeit erreicht und eine entsprechende Wartezeitfunktion (blaue Kurve in Abbildung 4-5) daraus approximiert wird, erreicht der gesamte Untersuchungsraum zugleich die Durchsatzbezogene Leistungsfähigkeit (rote Kurve in Abbildung 4-5). Demzufolge kann die gesamte Belastung unter Beibehaltung der Struktur des Betriebsprogramms nicht mehr gesteigert werden. Die Wartezeitfunktion ist erst ableitbar, solange die Durchsatzbezogene Leistungsfähigkeit ermittelt wird. Da die anderen Bedienungsstellen ihre Durchsatzbezogenen Leistungsfähigkeiten nicht erreichen, können die zugehörigen Wartezeitfunktionen für diese Bedienungsstellen auch nicht bestimmt werden (grüne und violette Kurven in Abbildung 4-5). Somit ist es nicht möglich im Detail zu erkennen, welche Bedienungsstelle zuerst ihre Durchsatzbezogene Leistungsfähigkeit erreicht.

4.3.2 Konzept des Vier-Phasen-Ansatzes

Weil die Wartezeitfunktion nicht für jede einzelne Bedienungsstelle detailliert ableitbar ist, wird bei der detaillierten Engpassanalyse ein erweitertes Konzept verwendet. Der Ansatz mit der simulativen Methode setzt voraus, dass sich die Simulation im Auswertezeitraum in der stationären Phase befindet ([Chu 2014]). Wenn eine Bedienungsstelle ihre eigene Durchsatzbezogene Leistungsfähigkeit erreicht, würde die Länge der Warteschlange vor dieser Bedienungsstelle gegen unendlich gehen. So hat eine weiter zunehmende Belastung keinen Einfluss mehr auf die mittlere Wartezeit der Bedienungsstelle. Der maßgebende Engpass kann nur eine maximale Anzahl der Züge bedienen, obwohl noch mehrere Züge einfahren möchten. Dies führt dazu, dass die Belastung in einem Untersuchungsraum unter Beibehaltung der Struktur des Betriebsprogramms bis zu einem bestimmten Wert, der Durchsatzbezogenen Leistungsfähigkeit, nicht mehr steigen kann (siehe Abbildung 4-6).

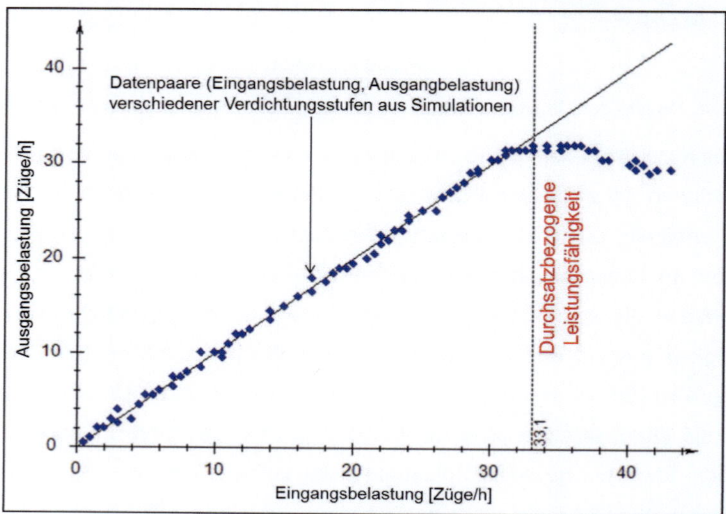

Abbildung 4-6: Bestimmung der Durchsatzbezogenen Leistungsfähigkeit mit dem Ansatz in [Chu 2014]

Im Vergleich mit anderen Engpässen hat die Umsetzung betriebsverbessernder Maßnahmen für den maßgebenden Engpass einen erheblich positiveren Effekt. Aus diesem Grund sollte vorrangig die Wirkung des maßgebenden Engpasses beseitigt werden, um so die gesamte Leistungsfähigkeit im Untersuchungsraum zu erhöhen.

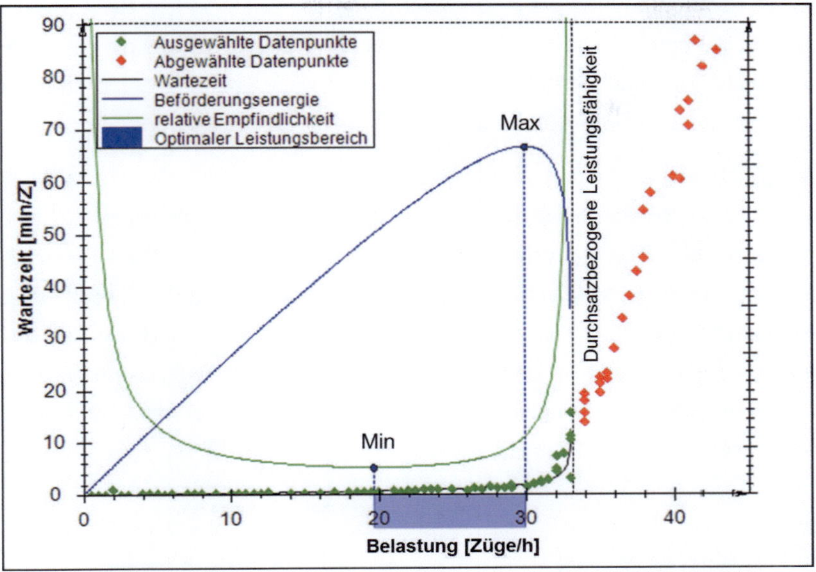

Abbildung 4-7: Wartezeitfunktion des gesamten Untersuchungsraums (Modellfunktion in [Chu 2014])

Wird der Verlauf der mittleren Wartezeiten des Untersuchungsraums beobachtet (Wartezeitfunktion in Abbildung 4-7), so zeigt sich, dass die mittlere Wartezeit unterhalb des Optimalen Leistungsbereichs kaum und innerhalb des Optimalen Leistungsbereichs nur langsam zunimmt. Überscheitet die Belastung jedoch die Obergrenze des Optimalen Leistungsbereichs, steigen die Wartezeiten deutlich schneller an. Erreicht die Zahl der Züge, die in den Untersuchungsraum einbrechen, eine Belastung über der Durchsatzbezogenen Leistungsfähigkeit, nimmt die mittlere Wartezeit mit der erhöhten Belastung weiter zu, bis hin zur theoretischen Maximalen Leistungsfähigkeit, bei der der gesamte Untersuchungsraum durch Warteschlangen belegt ist. Die Belastung kann bis zu dieser theoretischen maximalen Belastung ansteigen, obwohl die Durchsatzbezogene Leistungsfähigkeit bereits erreicht ist, da die Züge auf anderen Infrastrukturabschnitten mit Reserven trotz Stauung vor dem maßgebenden Engpass noch fahren können, solange diese nicht ebenfalls von dem maßgebenden Engpass beeinflusst werden. Oberhalb der Durchsatzbezogenen Leistungsfähigkeit können die gesamte Belastung und die mittlere Wartezeit zwar weiter zunehmen, die verarbeiteten Züge (d.h. Eingangs- und Ausgangsbelastung – vgl. Abbildung 4-6) stimmen in diesem Fall allerdings nicht mehr mit dem ursprünglichen Betriebsprogramm überein. Die Bedingung der Beibehaltung der Struktur des Betriebsprogramms wird in dieser Phase nicht mehr erfüllt. Obwohl die gesamte Belastung weiter zunimmt, befindet sich der maßgebende Engpass hierdurch in einem stationären aber blockierten Zustand.

Im Vergleich mit der globalen Untersuchung sind für die mikroskopische Engpassanalyse die lokalen Wartezeiten eines Infrastrukturabschnitts (Basisstruktur) von Interesse, die die Stauung vor einer Bedienungsstelle darstellen. Die lokalen Wartezeiten eines Infrastrukturabschnitts werden durch die Kenngröße „Nicht erfüllbare Belegungswünsche" beschrieben (s.a. Abschnitt 4.2.2). In Bezug auf das globale Leistungsverhalten wird die Entwicklung der Nicht erfüllbaren Belegungswünsche einer Basisstruktur in Abhängigkeit von Verdichtungsstufen (erhöhten Belastungen) in vier Phasen dargestellt (Abbildung 4-8):

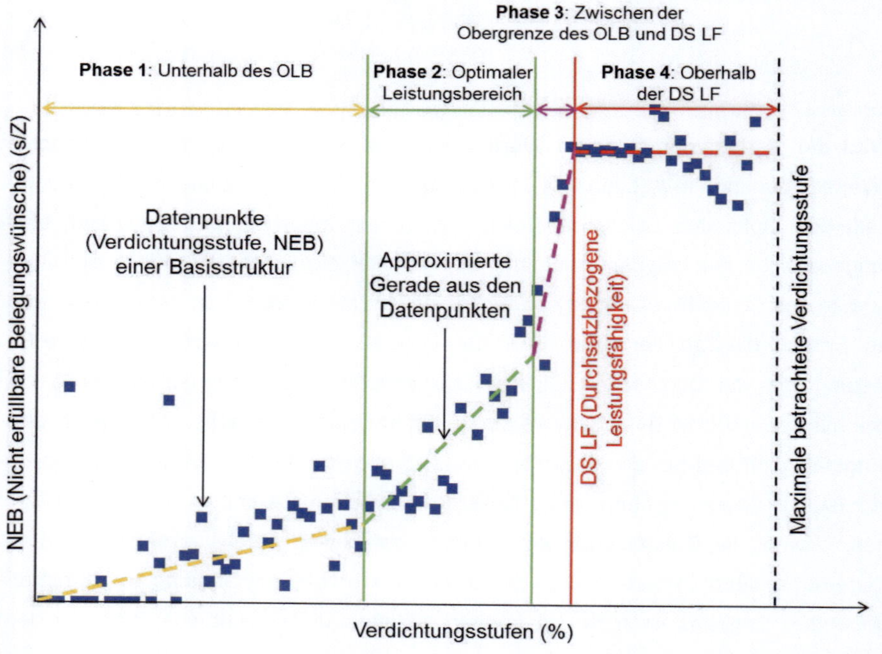

Abbildung 4-8: Verlauf der Nicht erfüllbaren Belegungswünsche einer Basisstruktur in vier Phasen

Phase 1: Verdichtungsstufen unterhalb des Optimalen Leistungsbereichs

Liegt die gesamte Belastung unter dem Optimalen Leistungsbereich nehmen die Nicht erfüllbaren Belegungswünsche der Basisstruktur langsam zu. Das bedeutet, dass die Züge durch diese Basisstruktur nur wenig behindert werden.

Phase 2: Verdichtungsstufen innerhalb des Optimalen Leistungsbereichs

Mit der gleichen Tendenz wie die Wartezeitfunktion, steigen die Nicht erfüllbaren Belegungswünsche einer Basisstruktur unter den Belastungen innerhalb des Optimalen Leistungsbereichs etwas schneller als in der ersten Phase an.

Phase 3: Verdichtungsstufen über dem Optimalen Leistungsbereich bis zur Durchsatzbezogenen Leistungsfähigkeit

Bei dieser Phase ist die Anstiegsgeschwindigkeit der Nicht erfüllbaren Belegungswünsche deutlich höher. Diese Tendenz nähert sich der Zunahme der mittleren Wartezeiten des gesamten Untersuchungsraums über dem Optimalen Leistungsbereich an (vgl. Kurve der Wartezeitfunktion in Abbildung 4-7).

Phase 4: Verdichtungsstufen über der Durchsatzbezogenen Leistungsfähigkeit

Bei dieser Phase erreicht die Belastung des Untersuchungsraums den maximalen Durchsatz jedoch ohne Beibehaltung der angegebenen Struktur des Betriebsprogramms. Werden die mittleren Wartezeiten des gesamten Untersuchungsraums beobachtet, wachsen die Wartezeiten in dieser Phase weiter (rote Punkte in Abbildung 4-7), wobei sich die Struktur des Betriebsprogramms bereits ändert. Werden einzelne Basisstrukturen (Infrastrukturabschnitte) beobachtet, sind zwei Fälle zu unterscheiden:

- Wenn die gesamte Belastung bei der Durchsatzbezogenen Leistungsfähigkeit liegt, erreicht eine Basisstruktur auch ihre maximale Kapazität, sodass sie keine zusätzlichen Belegungswünsche erfüllen kann. Unabhängig davon, ob die gesamte Belastung weiter ansteigt, nehmen die erfüllbaren Belegungswünsche an dieser Basisstruktur nicht mehr zu. Solch eine Basisstruktur wird deshalb als maßgebender Engpass betrachtet.
- Wenn eine Basisstruktur bei Erreichen der Durchsatzbezogenen Leistungsfähigkeit des gesamten Untersuchungsraums noch Reserven aufweist, d.h. es können also noch weitere Züge an diesen Stellen abgefertigt werden, so steigen die Nicht

erfüllbaren Belegungswünsche mit den zunehmenden Belastungen auch in diesem Fall weiter an. Je mehr Reserven vorhanden sind, desto später erreicht diese Basisstruktur ihre eigene Kapazitätsgrenze.

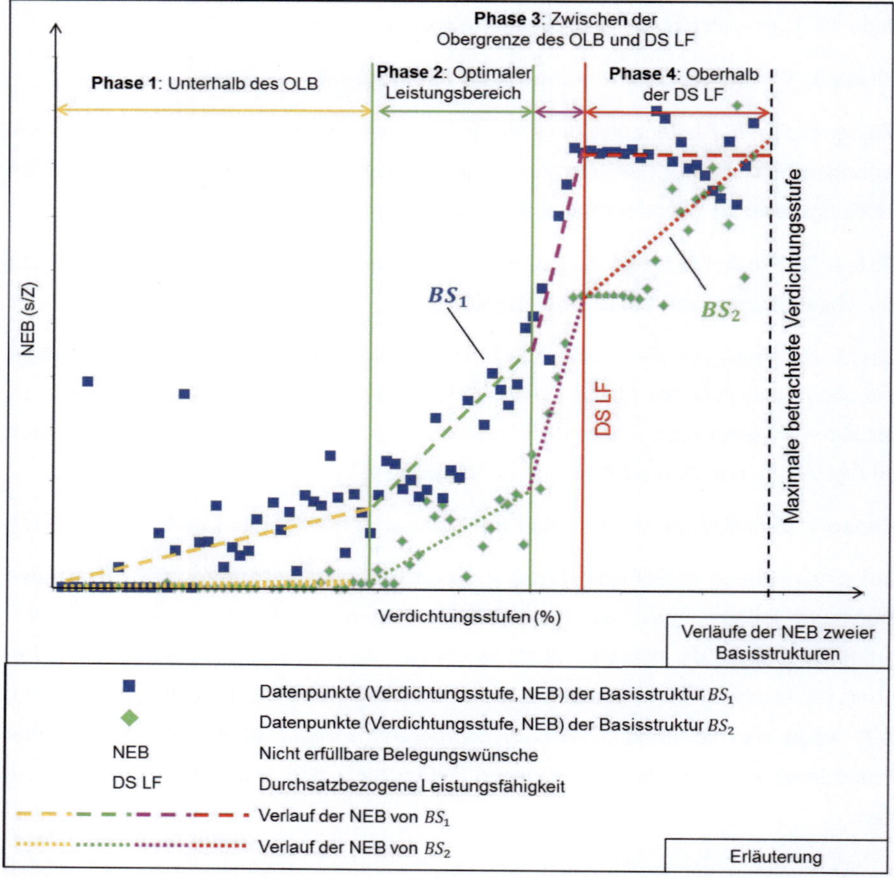

Abbildung 4-9: Vergleich der Verläufe der Nicht erfüllbaren Belegungswünsche zweier Basisstrukturen

In Abbildung 4-9 sind die Verläufe der Nicht erfüllbaren Belegungswünsche beispielhaft für zwei Basisstrukturen (BS_1 und BS_2) in den obengenannten vier Phasen gegenübergestellt. Die Nicht erfüllbaren Belegungswünsche von BS_1 sind bei den ersten drei Phasen höher als die von BS_2. Bei der vierten Phase steigen die Nicht erfüllbaren Belegungswünsche von BS_1 somit nicht mehr mit den erhöhten Belastungen im Untersuchungsraum an, bei BS_2 nehmen sie jedoch weiter zu. In diesem Beispiel weist BS_1 die Eigenschaften eines maßgebenden Engpasses auf.

Ausgehend von diesen Erkenntnissen beruht der vorliegende Ansatz zur Lokalisierung von Engpässen auf der Bewertung der Nicht erfüllbaren Belegungswünsche (NEB). Zur Erkennung von Engpassrelevanzen (potenzielle Engpässe) für ein grobes Betriebsprogramm werden die Verläufe der Nicht erfüllbaren Belegungswünsche in Abhängigkeit von den Verdichtungsstufen in verschiedenen Phasen beobachtet. Dafür wird im folgenden Abschnitt die neue Kenngröße **„NEB-Zuwachsrate“ (NZR)** eingeführt, die den Anstieg der Nicht erfüllbaren Belegungswünsche einer Basisstruktur in Abhängigkeit von den Verdichtungsstufen beschreibt. Für eine konkrete Verdichtungsstufe werden hierbei die Engpasssignifikanzen (wirksame Engpässe) je nach Höhe der Nicht erfüllbaren Belegungswünsche eingestuft.

4.3.3 Neue Kenngröße - NEB-Zuwachsrate

Definition: Die **NEB-Zuwachsrate (NZR)** eines Belegungselements bezeichnet die Änderung der Nicht erfüllbaren Belegungswünsche in Abhängigkeit von den Verdichtungsstufen (Belastungen) des gesamten Untersuchungsraums. Dimension: Dimensionslos.

Die NEB-Zuwachsrate (Abbildung 4-10 (a)) beschreibt, wie schnell die behinderungsbedingten Wartezeiten an einem Belegungselement mit erhöhten Belastungen des gesamten Untersuchungsraums zunehmen und wird mit dem identischen Berechnungsverfahren wie die Engpassempfindlichkeit (Abbildung 4-10 (b), s.a. Abschnitt 4.2.3) berechnet. Die beiden Verfahren unterscheiden sich lediglich bezüglich der erfassten Datenpunkte. Bei der NEB-Zuwachsrate beziehen sich die Datenpunkte für die Datenpaare (Verdichtungsstufe, NEB) auf eine Basisstruktur, während bei der Engpassempfindlichkeit die Datenpaare (Belegungsgrad, Behinderungsgrad) an eine Fahrwegkomponente gebunden sind.

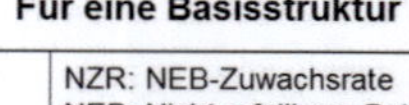

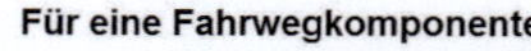

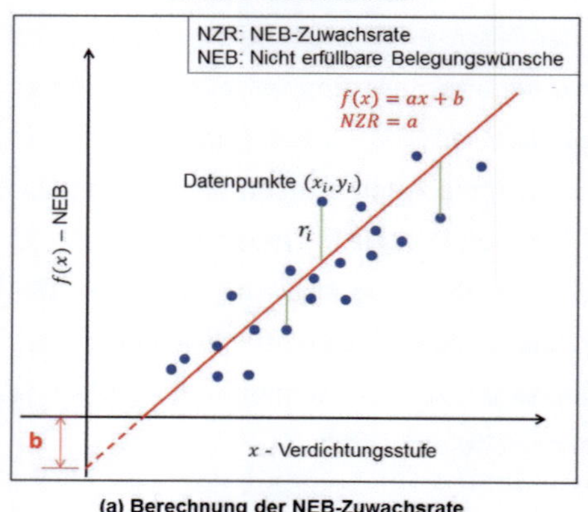

(a) Berechnung der NEB-Zuwachsrate

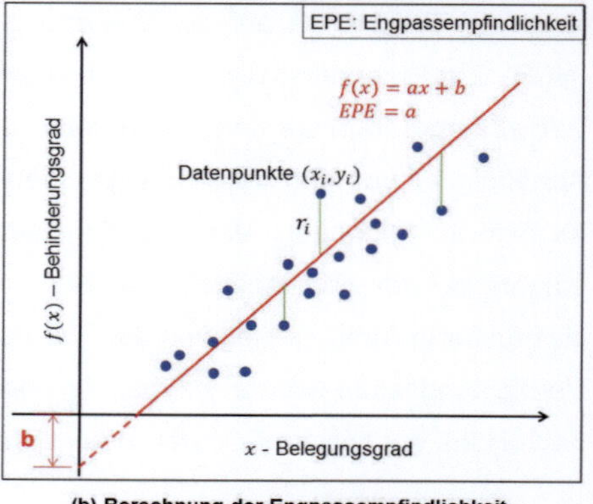

(b) Berechnung der Engpassempfindlichkeit

Abbildung 4-10: Vergleich der Berechnungen für NEB-Zuwachsrate und Engpassempfindlichkeit

Für die Lokalisierung von Engpassrelevanzen und des maßgebenden Engpasses werden die NEB-Zuwachsraten (NZR) anhand der Datenpunkte aus Simulationsergebnissen jeweils für alle vier Phasen (Abschnitt 4.3.2) berechnet und bewertet. Der Ansatz wird in den folgenden Abschnitten vorgestellt.

4.3.4 Lokalisierung von Engpassrelevanzen

Zur Berechnung der NEB-Zuwachsraten werden zunächst für jede Basisstruktur die zugrunde liegenden Datenpunkte $M_{NEB} = \{(x_1, y_1), \cdots, (x_i, y_i), \cdots, (x_n, y_n)\}$ aus den Simulationsergebnissen ermittelt.

Dabei sind:

x_i:	Verdichtungsstufe i	[-]
y_i:	Nicht erfüllbare Belegungswünsche der Basisstruktur bei Verdichtungsstufe i (Berechnungsverfahren in Abschnitt 4.2.2)	[s/Z]

Anhand der Eigenschaften der in Abschnitt 4.3.2 erläuterten vier Phasen wird die NEB-Zuwachsrate einer Basisstruktur für jede Phase berechnet, wozu die Menge sämtlicher Datenpunkte in vier Untermengen aufgeteilt wird:

- $M_1 = \{\cdots, (x_{i_{p1}}, y_{i_{p1}}), \cdots\},\ x_{i_{p1}} < OLB - Untergrenze$
- $M_2 = \{\cdots, (x_{i_{p2}}, y_{i_{p2}}), \cdots\},\ OLB - Untergrenze \leq x_{i_{p2}} \leq OLB - Obergrenze$

- $M_3 = \{\cdots, (x_{i_{p3}}, y_{i_{p3}}), \cdots\}$, $OLB-Obergrenze < x_{i_{p3}} \leq DS\ LF$
- $M_4 = \{\cdots, (x_{i_{p4}}, y_{i_{p4}}), \cdots\}$, $DS\ LF < x_{i_{p4}} \leq Belastung_{VS_{Max}}$

$$M_{NEB} = M_1 \cup M_2 \cup M_3 \cup M_4 \quad (4\text{-}9)$$

Dabei ist:

$Belastung_{VS_{Max}}$: Belastung der maximalen betrachteten Verdichtungsstufe

Für jede Phase ergibt sich die NEB-Zuwachsrate (NZR) aus den entsprechend aufgeteilten Datenpunkten durch den Anstieg der Gerade, die aus den durch Simulation bestimmten Datenpunkten approximiert wurde (vgl. Abbildung 4-3). Die NEB-Zuwachsraten der vier Phasen werden bezeichnet als:

- $NZR1_{BS_i}$: NEB-Zuwachsrate der Basisstruktur BS_i unterhalb des Optimalen Leistungsbereichs (Phase 1)
- $NZR2_{BS_i}$: NEB-Zuwachsrate der Basisstruktur BS_i innerhalb des Optimalen Leistungsbereichs (Phase 2)
- $NZR3_{BS_i}$: NEB-Zuwachsrate der Basisstruktur BS_i zwischen OLB-Obergrenze und der Durchsatzbezogenen Leistungsfähigkeit (Phase 3)
- $NZR4_{BS_i}$: NEB-Zuwachsrate der Basisstruktur BS_i oberhalb der Durchsatzbezogenen Leistungsfähigkeit (Phase 4). In der praktischen Anwendung ist eine maximale Verdichtungsstufe (Obergrenze der Phase 4) bis zu 130% der Durchsatzbezogenen Leistungsfähigkeit zu empfehlen. Sollten die höchste Verdichtungsstufe unter 130% der Durchsatzbezogenen Leistungsfähigkeit liegen, sind weitere Fahrpläne mit hohen Belastungen (über DS LF) zu erzeugen.

Hierbei dienen die NEB-Zuwachsraten der vier Phasen ($NZR1_{BS_i}$, $NZR2_{BS_i}$, $NZR3_{BS_i}$ und $NZR4_{BS_i}$) als Kriterien für die Bewertung von Engpassrelevanzen. Für jede Phase wird ein Grenzwert berechnet, der sich aus dem Mittelwert der NEB-Zuwachsraten aller Basisstrukturen im Untersuchungsraum für die jeweilige Phase ergibt:

$$G_{NZR1} = \frac{1}{n}\sum_{i=1}^{n} NZR1_{BS_i} \quad (4\text{-}10)$$

$$G_{NZR2} = \frac{1}{n}\sum_{i=1}^{n} NZR2_{BS_i} \quad (4\text{-}11)$$

$$G_{NZR3} = \frac{1}{n}\sum_{i=1}^{n} NZR3_{BS_i} \tag{4-12}$$

$$G_{NZR4} = \frac{1}{n}\sum_{i=1}^{n} NZR4_{BS_i} \tag{4-13}$$

Dabei sind:

n	Anzahl aller Basisstrukturen im Untersuchungsraum	[-]
G_{NZR1}	Grenzwert der NEB-Zuwachsrate der Phase 1	[-]
G_{NZR2}	Grenzwert der NEB-Zuwachsrate der Phase 2	[-]
G_{NZR3}	Grenzwert der NEB-Zuwachsrate der Phase 3	[-]
G_{NZR4}	Grenzwert der NEB-Zuwachsrate der Phase 4	[-]

Je größer die NEB-Zuwachsrate bei den Phasen 1, 2 und 3 ist, desto schneller nehmen die Nicht erfüllbaren Belegungswünsche zu. Eine hohe NEB-Zuwachsrate kennzeichnet Engpässe mit hoher Relevanz. Nähert sich eine NEB-Zuwachsrate in Phase 4 gegen Null, deutet dies auf den maßgebenden Engpass hin. Die Wahrscheinlichkeit, dass eine Basisstruktur zum maßgebenden Engpass wird, steigt je kleiner die NEB-Zuwachsrate ist. Die Kriterien ($NZR1_{BS_i}$, $NZR2_{BS_i}$, $NZR3_{BS_i}$ und $NZR4_{BS_i}$) sind erfüllt, wenn die folgenden Bedingungen jeweils erfüllt sind:

$$NZR1_{BS_i} > G_{NZR1} \tag{4-14}$$

$$NZR2_{BS_i} > G_{NZR2} \tag{4-15}$$

$$NZR3_{BS_i} > G_{NZR3} \tag{4-16}$$

$$NZR4_{BS_i} < G_{NZR4} \tag{4-17}$$

Für eine Basisstruktur BS_i wird die Relevanz eines Engpasses anhand der vier Kriterien ($NZR1_{BS_i}$, $NZR2_{BS_i}$, $NZR3_{BS_i}$ und $NZR4_{BS_i}$)) wie in Tabelle 4-2 bewertet, wobei alle Kombinationen der Erfüllbarkeit der vier Kriterien durch die fünf dargestellten Fälle in abgedeckt werden.

	$NZR4_{BS_i}$ $< G_{NZR4}$	$NZR3_{BS_i}$ $> G_{NZR3}$	$NZR2_{BS_i}$ $> G_{NZR2}$	$NZR1_{BS_i}$ $> G_{NZR1}$	**Engpassrelevanz Stufe**
Fall 1	✓	–	–	–	Hoch (maßgebend)
Fall 2	✗	✓	–	–	Hoch
Fall 3	✗	✗	✓	–	Mittel
Fall 4	✗	✗	✗	✓	Niedrig
Fall 5	✗	✗	✗	✗	Kein Engpass

✓ Kriterium erfüllt ✗ Kriterium nicht erfüllt – Kriterium nicht berücksichtigt

Tabelle 4-2: Bewertung von Engpassrelevanzen nach drei Phasen

Fall 1: Da eine NEB-Zuwachsrate nahe Null in der vierten Phase den maßgebenden Engpass widerspiegelt, wird $NZR4_{BS_i}$ zum wichtigsten Kriterium für die Engpassrelevanz. Sofern dieses Kriterium erfüllt ist, besitzt die beobachtete Basisstruktur eine hohe Relevanz als Engpass und es genügt, die anderen drei Kriterien $NZR3_{BS_i}$, $NZR2_{BS_i}$ sowie $NZR1_{BS_i}$ hier nicht zu prüfen.

Fall 2: Ist das Kriterium $NZR4_{BS_i}$ nicht erfüllt, wird die NEB-Zuwachsrate in Phase 3 geprüft. Liegt $NZR3_{BS_i}$ über dem Grenzwert, besitzt diese Basisstruktur ebenfalls eine hohe Relevanz als Engpass. Das bedeutet, obwohl die Basisstruktur keinen maßgebenden Engpass zeigt, ist sie durch eine schnelle Zunahme der Nicht erfüllbaren Belegungswünsche oberhalb des Optimalen Leistungsbereichs gekennzeichnet. Eine solche Basisstruktur besitzt eine hohe Engpassrelevanz, weil die Zunahme der Nicht erfüllbaren Belegungswünsche in Phase 3 mit dem Verlauf der gesamten Wartezeiten weitgehend übereinstimmt. In diesem Fall sind die zwei übrigen Kriterien $NZR2_{BS_i}$ und $NZR1_{BS_i}$ nicht entscheidend und werden daher nicht geprüft.

Fall 3: Sind beide Kriterien $NZR4_{BS_i}$ und $NZR3_{BS_i}$ nicht erfüllt, ist die Basisstruktur kein Engpass mit hoher Relevanz. Deshalb wird nun die NEB-Zuwachsrate innerhalb des Optimalen Leistungsbereichs (Phase 2) geprüft. Liegt $NZR2_{BS_i}$ über dem Grenzwert, ist diese Basisstruktur ein Engpass mit mittlerer Relevanz. Das bedeutet, diese Basisstruktur zeigt zwar im Optimalen Leistungsbereich bereits das charakteristische

Verhalten eines Engpasses, hat aber bei diesen Belastungen keinen wesentlichen Einfluss auf das Leistungsverhalten des gesamten Untersuchungsraums.

Fall 4: Liegen die NEB-Zuwachsraten aller drei beobachteten Phasen unter den jeweiligen Grenzwerten, wird das letzte Kriterium $NZR1_{BS_i}$ (Phase 1) geprüft. Ist dieses Kriterium erfüllt, bedeutet es, dass eine Basisstruktur nur bei den niedrigen Belastungen unterhalb des Optimalen Leistungsbereichs eine relativ schnelle Zunahme der Nicht erfüllbaren Belegungswünsche hat. Der Optimale Leistungsbereich und die Durchsatzbezogene Leistungsfähigkeit werden von dieser Basisstruktur kaum beeinflusst. Deshalb besitzt diese Basisstruktur lediglich eine niedrige Engpassrelevanz.

Fall 5: Sind alle vier Kriterien nicht erfüllt, besitzt die untersuchte Basisstruktur keine Engpassrelevanz.

In Abbildung 4-11 werden die obengenannten fünf Fälle für die Bewertung von Engpassrelevanzen beispielhaft veranschaulicht.

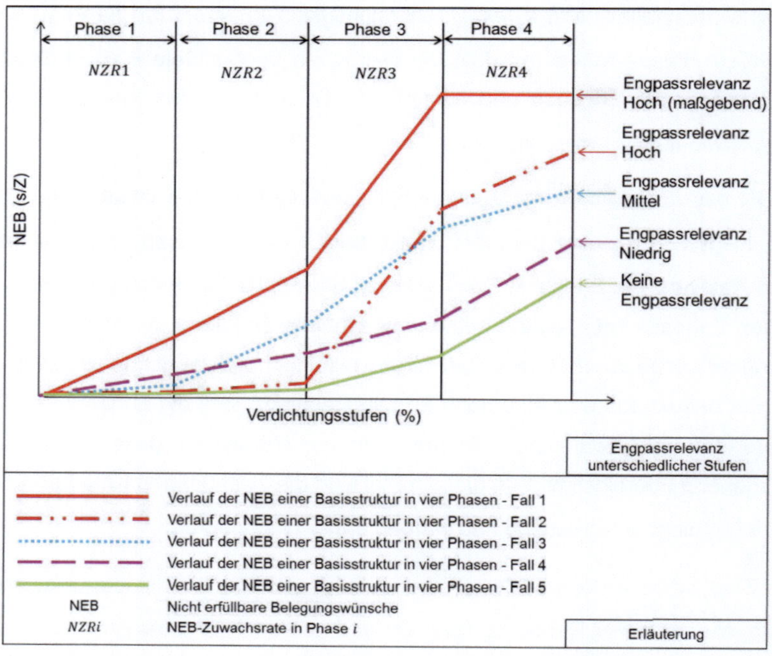

Abbildung 4-11: Beispielhafte Darstellung der Engpassrelevanzen unterschiedlicher Stufen anhand NZR

Der Ablauf der Lokalisierung von Engpassrelevanzen mit dem in diesem Abschnitt erläuterten Vier-Phasen-Ansatz wird im Workflow in Abbildung 4-12 dargestellt.

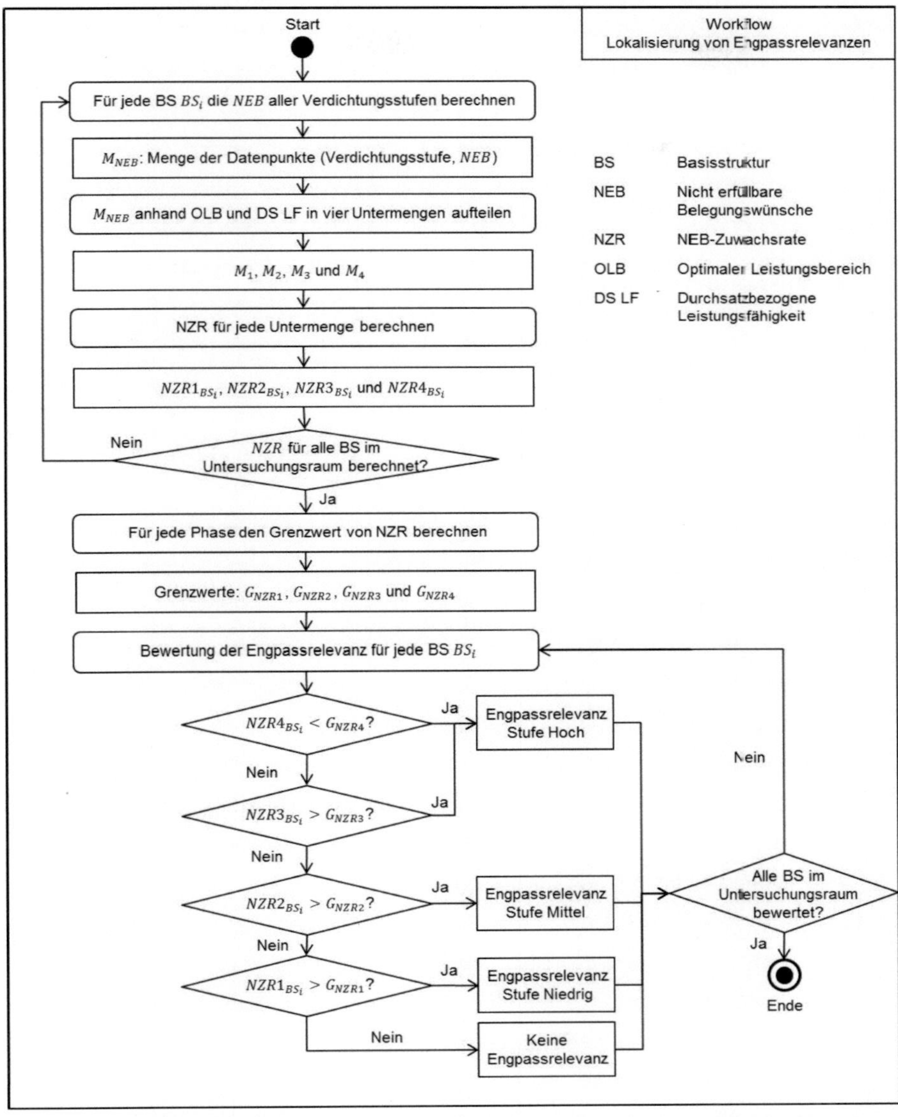

Abbildung 4-12: Workflow Lokalisierung von Engpassrelevanzen mit Hilfe des Vier-Phasen-Ansatzes

4.3.5 Lokalisierung von Engpasssignifikanzen

Für eine bestimmte Verdichtungsstufe werden die signifikanten Engpässe durch die Bewertung der Kenngröße „Nicht erfüllbare Belegungswünsche" ermittelt. Dafür werden für alle Basisstrukturen die Mittelwerte der Nicht erfüllbaren Belegungswünsche aller Fahrpläne dieser Verdichtungsstufe berechnet und nach einem festgelegten Maßstab bewertet. Weil die mikroskopische Engpassanalyse in der vorliegenden Arbeit auf den theoretischen Grundlagen der makroskopischen Leistungsuntersuchung beruht, wird der Maßstab zur Bewertung der Engpässe aus dem bei der makroskopischen Leistungsuntersuchung ermittelten Optimalen Leistungsbereich und der Durchsatzbezogenen Leistungsfähigkeit abgeleitet. Der Maßstab zur Bewertung der Kenngröße „Nicht erfüllbare Belegungswünsche" wird folgendermaßen gewählt (s.a. Abbildung 4-13):

- Für alle Basisstrukturen werden die Nicht erfüllbaren Belegungswünsche für alle Verdichtungsstufen berechnet (Datenpunkte in Abbildung 4-13).
- Anhand des bereits ermittelten Optimalen Leistungsbereichs und der Durchsatzbezogenen Leistungsfähigkeit werden sämtliche Datenpunkte nach den in Abschnitt 4.3.2 erläuterten vier Phasen in vier Datengruppen aufgeteilt:
  1. Datenpunkte (Verdichtungsstufe, NEB) aller Basisstrukturen bei den Verdichtungsstufen unterhalb des Optimalen Leistungsbereichs (Phase 1)
  2. Datenpunkte (Verdichtungsstufe, NEB) aller Basisstrukturen bei den Verdichtungsstufen innerhalb des Optimalen Leistungsbereichs (Phase 2)
  3. Datenpunkte (Verdichtungsstufe, NEB) aller Basisstrukturen bei den Verdichtungsstufen zwischen der Obergrenze des Optimalen Leistungsbereichs und der Durchsatzbezogenen Leistungsfähigkeit (Phase 3)
  4. Datenpunkte (Verdichtungsstufe, NEB) aller Basisstrukturen bei den Verdichtungsstufen oberhalb der Durchsatzbezogenen Leistungsfähigkeit (Phase 4). In dieser Phase liegt die gesamte Belastung des Untersuchungsraums über der Durchsatzbezogenen Leistungsfähigkeit, sodass sich ein Großteil der Basisstrukturen betriebsbehindernd auswirkt. Deshalb sind die Nicht erfüllbaren Belegungswünsche in diesem Belastungsbereich zu hoch und für die Ableitung eines sinnvollen Grenzwerts nicht nutzbar.

- Für jede Datengruppe (Phase 1, 2 und 3) wird jeweils der Mittelwert aller Nicht erfüllbaren Belegungswünsche sämtlicher Basisstrukturen berechnet.
  Dabei sind:
  $\overline{NEB1}$: Mittelwert der NEB aus den Datenpunkten in Phase 1 [s/Z]
  $\overline{NEB2}$: Mittelwert der NEB aus den Datenpunkten in Phase 2 [s/Z]
  $\overline{NEB3}$: Mittelwert der NEB aus den Datenpunkten in Phase 3 [s/Z]
- Aus den Mittelwerten der NEB der drei Phasen (Phase 1, 2 und 3) werden die entsprechenden Grenzwerte zur Bewertung von Engpasssignifikanzen wie folgt abgeleitet:

$$G_{NEB_{oben}} = \frac{(\overline{NEB2} + \overline{NEB3})}{2} \quad (4\text{-}18)$$

$$G_{NEB_{unten}} = \frac{(\overline{NEB1} + \overline{NEB2})}{2} \quad (4\text{-}19)$$

Dabei sind:

$G_{NEB_{oben}}$ Oberer Grenzwert der NEB zur Bewertung von Engpasssignifikanzen [s/Z]

$G_{NEB_{unten}}$ Unterer Grenzwert der NEB zur Bewertung von Engpasssignifikanzen [s/Z]

Zur Bewertung von Engpasssignifikanzen für eine bestimmte Verdichtungsstufe wird für jede Basisstruktur geprüft, in welchem Bereich sich der Wert der Nicht erfüllbaren Belegungswünsche dieser Verdichtungsstufe befindet (Datenpunkte in Abbildung 4-13). Liegen die Nicht erfüllbaren Belegungswünsche dieser Verdichtungsstufe unterhalb von $G_{NEB_{unten}}$, ist diese Basisstruktur für diese Verdichtungsstufe nicht als Engpass wirksam; liegen die Nicht erfüllbaren Belegungswünsche dieser Verdichtungsstufe zwischen $G_{NEB_{unten}}$ und $G_{NEB_{oben}}$, wirkt diese Basisstruktur als mittelstufiger Engpass; überschreiten die Nicht erfüllbaren Belegungswünsche $G_{NEB_{oben}}$, ist die Basisstruktur als ein Engpass der Stufe „Hoch“ wirksam.

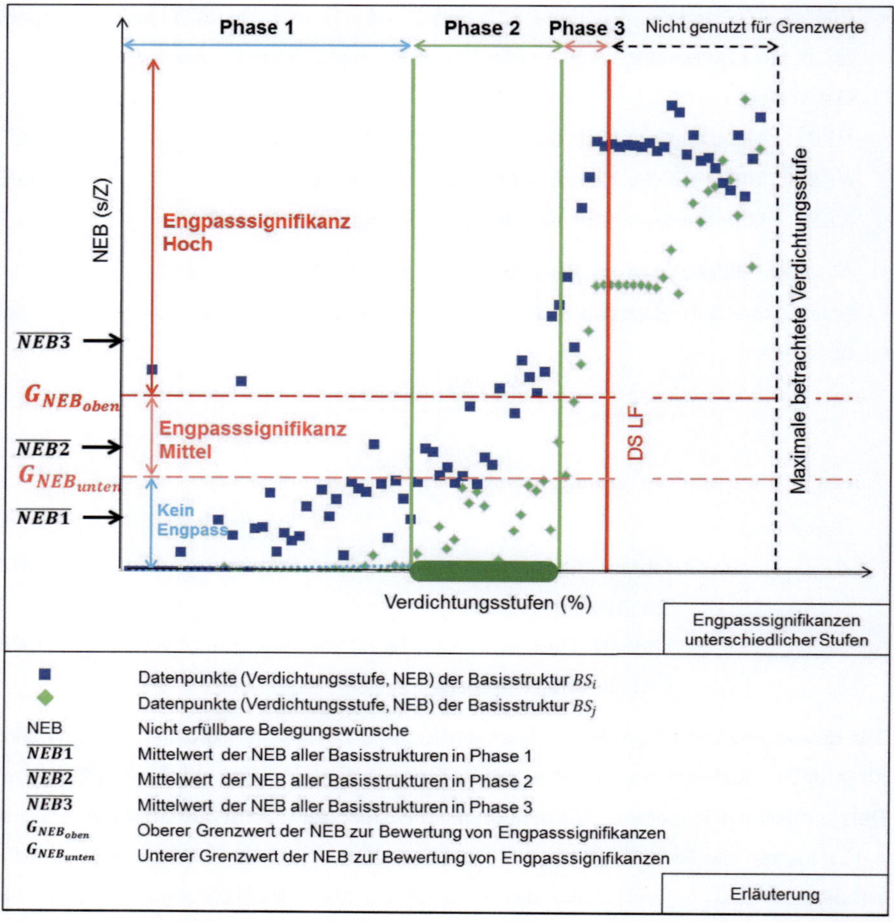

Abbildung 4-13: Festlegung des Bewertungsmaßstabs für Nicht erfüllbare Belegungswünsche

4.3.6 Bestimmung des maßgebenden Engpasses

Aufgrund des Zusammenhangs zwischen dem maßgebenden Engpass und der Durchsatzbezogenen Leistungsfähigkeit wird der maßgebende Engpass mithilfe der NEB-Zuwachsrate der vierten Phase ($NZR4_{BS_i}$) erkennbar. In der Theorie ist ein maßgebender Engpass die Basisstruktur, deren NEB-Zuwachsrate (NZR) nach der Durchsatzbezogenen Leistungsfähigkeit Null ist, d.h. diese Basisstruktur befindet sich im vollständigen „Sättigungszustand", sodass keine zusätzlichen Züge aufgenommen werden können und dadurch die Nicht erfüllbaren Belegungswünsche bei der entstandenen unendlichen Warteschlangenlänge nicht mehr zunehmen. Diese Null-NZR ist in der Realität allerdings kaum zu erreichen, weil einerseits im realen Betrieb ein solcher theoretischer Fall mit absolutem Sättigungszustand nur sehr selten auftritt und andererseits die approximierte Gerade aus den Datenpunkten der Simulationsergebnisse stets mehr oder weniger starke Toleranzen aufweist. Aus diesen Gründen wird in dieser Arbeit die Empfehlung für die praktische Anwendung gegeben, statt einen absoluten maßgebenden Engpass mehrere mutmaßliche maßgebende Engpässe zu ermitteln, die der Eigenschaft eines maßgebenden Engpasses am nächsten kommen.

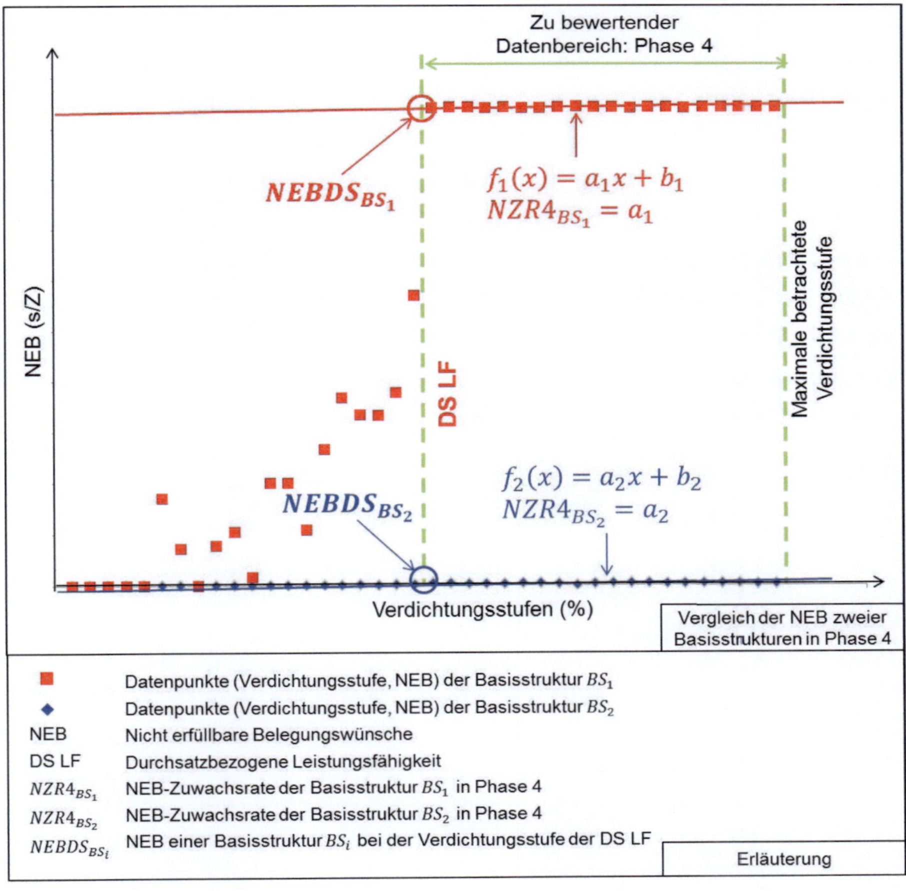

Abbildung 4-14: Zwei Kriterien bei der Bewertung von maßgebenden Engpässen

Das Kriterium $NZR4_{BS_i}$ allein ist nicht immer ausreichend aussagekräftig. Im Beispiel in Abbildung 4-14 werden die Datenpunkte (Verdichtungsstufe, NEB) zweier Basisstrukturen (BS_1 und BS_2) und die approximierten Geraden zur Ermittlung der NEB-Zuwachsrate in Phase 4 dargestellt. Zur Berechnung von $NZR4_{BS_i}$ wird anhand der Datenpunkte nach der Durchsatzbezogenen Leistungsfähigkeit für jede Basisstruktur eine lineare Funktion approximiert.

Dabei sind:

BS_1: $f_1(x) = a_1 x + b_1$, $NZR4_{BS_1} = a_1$

BS_2: $f_2(x) = a_2 x + b_2$, $NZR4_{BS_2} = a_2$

Bei beiden linearen Funktionen sind die Koeffizienten a_1 und a_2 annähernd gleich, weshalb die Werte von $NZR4$ der beiden Basisstrukturen kaum zu unterscheiden sind. Es ist bei diesem Bespiel jedoch offensichtlich, dass BS_2 nicht engpassrelevant ist, weil sie mit der Erhöhung der Belastungen nur eine vernachlässigbar niedrige Anzahl an Nicht erfüllbaren Belegungswünschen besitzt. Aus diesem Grund wird die relative Höhe der Nicht erfüllbaren Belegungswünsche als Ergänzungskriterium eingeführt, die sich aus den Nicht erfüllbaren Belegungswünschen am Punkt der Durchsatzbezogenen Leistungsfähigkeit ergibt[10]. Die relative Höhe der Nicht erfüllbaren Belegungswünsche einer Basisstruktur BS_i bei der Verdichtungsstufe der Durchsatzbezogenen Leistungsfähigkeit des Untersuchungsraums wird als $NEBDS_{BS_i}$ bezeichnet.

$NEBDS_{BS_i}$ ergibt sich aus:

$$NEBDS_{BS_i} = f_i(VS_{DS\,LF}) = a_i \cdot VS_{DS\,LF} + b_i \qquad (4\text{-}20)$$

Dabei sind:

---

[10] Dieses Ergänzungskriterium gilt auch für die Bewertung der Engpassrelevanzen. Es wurde experimentell nachgewiesen, dass das Ergänzungskriterium bei anderen Phasen, nämlich bei den Phasen 1, 2 und 3, keine entscheidende Rolle spielt, weil Phase 4 maßgebend für die Bewertung ist. Es wurden bei zahlreichen Untersuchungen für Phase 2 NEB an der Untergrenze des optimalen Leistungsbereichs ($NEBUnter$) und für Phase 3 NEB an der Obergrenze ($NEBOber$) berechnet (s.a. Fallbeispiele in Anhang I). Weil die Basisstrukturen mit niedrigen $NEBDS$ zuerst aussortiert werden, haben die bestehenden Basisstrukturen kaum niedrige $NEBUnter$ und $NEBOber$.

f_i	Lineare Funktion der NEB-Zuwachsrate Basisstruktur BS_i in Phase 4	[-]
$VS_{DS\,LF}$	Verdichtungsstufe bei der Durchsatzbezogenen Leistungsfähigkeit des Untersuchungsraums	[-]
a_i	Koeffizient a der linearen Funktion f_i	[-]
b_i	Koeffizient b der linearen Funktion f_i	[-]

Die mutmaßlich maßgebenden Engpässe des Untersuchungsraums werden folgendermaßen bestimmt:

- Aus der makroskopischen Bewertung wird die Durchsatzbezogene Leistungsfähigkeit des Untersuchungsraums ermittelt.
- Durch die Approximation der Datenpunkte $(Verdichtungsstufe, NEB)$ in Phase 4 werden die NEB-Zuwachsraten der vierten Phase $\{NZR4_{BS_1}, \cdots, NZR4_{BS_i}, \cdots, NZR4_{BS_n}\}$ und die NEB bei der Durchsatzbezogenen Leistungsfähigkeit $\{NEBDS_{BS_1}, \cdots, NEBDS_{BS_i}, \cdots, NEBDS_{BS_n}\}$ aller Basisstrukturen berechnet.
- Für $\{NZR4_{BS_1}, \cdots, NZR4_{BS_i}, \cdots, NZR4_{BS_n}\}$ und $\{NEBDS_{BS_1}, \cdots, NEBDS_{BS_i}, \cdots, NEBDS_{BS_n}\}$ wird jeweils der Mittelwert als Grenzwert berechnet:

$$\overline{NZR4} = \frac{1}{n}\sum_{i=1}^{n} NZR4_{BS_i} \tag{4-21}$$

$$\overline{NEBDS} = \frac{1}{n}\sum_{i=1}^{n} NEBDS_{BS_i} \tag{4-22}$$

- Für jede Basisstruktur BS_i werden die beiden Parameter $NZR4_{BS_i}$ und $NEBDS_{BS_i}$ mit ihren Grenzwerten verglichen. Dabei wird BS_i als mutmaßlicher maßgebender Engpass identifiziert, wenn ihre NEB-Zuwachsrate bei der vierten Phase niedriger als $\overline{NZR4}$ und die Nicht erfüllbaren Belegungswünsche bei der Durchsatzbezogenen Leistungsfähigkeit höher als $\overline{NEBDS}$ sind, sodass gilt:

$$(NZR4_{BS_i} \leq \overline{NZR4}) \cap (NEBDS_{BS_i} \geq \overline{NEBDS}) \tag{4-23}$$

Dabei sind:

$NZR4_{BS_i}$	NEB-Zuwachsrate der Basisstruktur BS_i in Phase 4	[-]
$\overline{NZR4}$	Mittelwert der NEB-Zuwachsraten aller Basisstrukturen in Phase 4	[-]
$NEBDS_{BS_i}$	Nicht erfüllbare Belegungswünsche der Basisstruktur BS_i bei der Verdichtungsstufe der Durchsatzbezogenen Leistungsfähigkeit	[s/Z]
$\overline{NEBDS}$	Mittelwert der Nicht erfüllbaren Belegungswünsche aller Basisstrukturen bei der Verdichtungsstufe der Durchsatzbezogenen Leistungsfähigkeit	[s/Z]

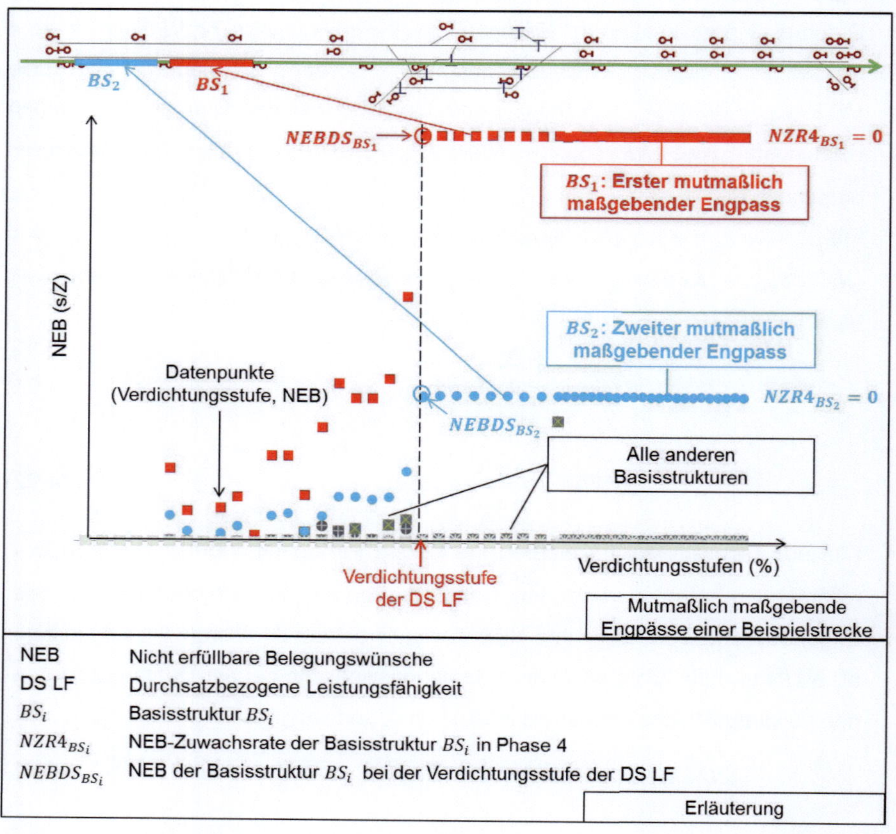

Abbildung 4-15: Mutmaßlich maßgebende Engpässe auf einer Beispielstrecke

Im Beispiel in Abbildung 4-15 fahren Züge einer Zuglaufgruppe auf einer Beispielstrecke. Im Diagramm sind Datenpunkte (Verdichtungsstufe, NEB) aller Basisstrukturen sämtlicher Verdichtungsstufen dargestellt. Aus den Datenpunkten werden zwei Blockabschnitte (Basisstrukturen BS_1 und BS_2) als mutmaßlich maßgebende Engpässe bestimmt. Hier zeigt sich, dass im Vergleich zu anderen Basisstrukturen BS_1 und BS_2 deutlich höhere NEB bei allen Verdichtungsstufen haben. Liegt die Belastung über der Durchsatzbezogenen Leistungsfähigkeit, nehmen die NEB beider Basisstrukturen nicht zu, sodass $NZR4_{BS_1}$ und $NZR4_{BS_2}$ gegen Null gehen. So werden zunächst BS_1 und BS_2 als mutmaßlich maßgebende Engpässe identifiziert. Da bei der Verdichtungsstufe der Durchsatzbezogenen Leistungsfähigkeit die NEB von BS_1 ($NEBDS_{BS_1}$) deutlich höher als die NEB von BS_2 ($NEBDS_{BS_2}$) sind, wird BS_1 als der erste und BS_2 als der zweite mutmaßlich maßgebende Engpass erkannt.

4.3.7 Ermittlung von Reserven

Um die lokalisierten Engpässe zu beseitigen oder ihre Wirkungen zu minimieren, werden geeignete Maßnahmen durch die Ursachenfindung (Ansatz im folgenden Kapitel) abgeleitet. Dazu gehört die Nutzung von erschließbaren Reserven, weshalb es bei der Engpassanalyse sinnvoll ist, neben Engpässen auch Reserven zu ermitteln.

In der vorliegenden Arbeit werden Reserven für eine Verdichtungsstufe in Abhängigkeit von der Relevanz der Engpässe ermittelt. Eine Basisstruktur BS_i ist grundsätzlich dann eine nutzbare Reserve, wenn sie weder Engpasssignifikanz bei der beobachteten Verdichtungsstufe noch Engpassrelevanz beim groben Betriebsprogramm besitzt. Es gelten hierbei folgende Bedingungen:

$$(NEB_{BS_i} < G_{NEB_{unten}}) \cap (NZR4_{BS_i} > G_{NZR4}) \cap (NZR3_{BS_i} < G_{NZR3}) \cap (NZR2_{BS_i} < G_{NZR2}) \quad (4\text{-}24)$$

Dabei sind:

NEB_{BS_i}	Nicht erfüllbare Belegungswünsche der Basisstruktur BS_i	[s/Z]
$G_{NEB_{unten}}$	Unterer Grenzwert zur Bewertung von Engpasssignifikanzen	[s/Z]
$NZR4_{BS_i}$	NEB-Zuwachsrate der Basisstruktur BS_i oberhalb der Durchsatzbezogenen Leistungsfähigkeit (Phase 4)	[-]
$NZR3_{BS_i}$	NEB-Zuwachsrate der Basisstruktur BS_i zwischen OLB-	[-]

	Obergrenze und der Durchsatzbezogenen Leistungsfähigkeit (Phase 3)	
$NZR2_{BS_i}$	NEB-Zuwachsrate der Basisstruktur BS_i innerhalb des Optimalen Leistungsbereichs (Phase 2)	[-]
G_{NZR4}	Grenzwert der NEB-Zuwachsrate von Phase 4	[-]
G_{NZR3}	Grenzwert der NEB-Zuwachsrate von Phase 3	[-]
G_{NZR2}	Grenzwert der NEB-Zuwachsrate von Phase 2	[-]

4.4 Schlussfolgerung

Die hier vorgestellte Methode zur Erkennung von Engpässen beruht auf dem Grundkonzept des DFG-Forschungsprojekts [Martin & Li 2014]. Der wesentliche Unterschied im Vergleich mit vorhandenen Methoden liegt darin, dass mit dieser Methode nicht nur die Engpässe bei einer konkreten Belastung, sondern auch die potenziellen Engpässe, die bei einer konkreten Belastung nicht immer zu erkennen sind, lokalisiert werden können. Die Kenngröße „Nicht erfüllbare Belegungswünsche" hat bei dieser Methode eine signifikante Bedeutung, weil sie die Wirkungen von Engpässen in geeigneter praxisbezogener Weise widerspiegelt. Da die Leistungsfähigkeit eines Untersuchungsraums direkt von den Engpässen beschränkt wird, werden in der vorliegenden Arbeit die lokalen Engpässe im Zusammenhang mit dem globalen Leistungsverhalten des gesamten Untersuchungsraums bewertet.

Basierend auf dem in Abschnitt 3.4 beschriebenen Zwei-Ebenen-Modell ermöglicht die mikroskopische Engpassanalyse mit dem Ansatz in der vorliegenden Arbeit eine präzise Lokalisierung von Engpässen im Untersuchungsraum trifft dabei umfangreiche Aussagen über Engpässe für verschiedene Aufgabenstellungen. Für ein grobes Betriebsprogramm werden Engpassrelevanzen lokalisiert, um so angezeigt zu bekommen, welche Infrastrukturabschnitte ein hohes Potenzial als Engpass besitzen und bei den steigendenden Belastungen frühzeitig wirksam werden können. Darüber hinaus wird der maßgebende Engpass bestimmt, der einen signifikanten Einfluss auf das gesamten Leistungsverhalten des Untersuchungsraums hat und daher vorrangig zu behandeln ist. Für eine bestimmte Belastung können wirksame Engpässe (Engpasssignifikanzen) identifiziert werden, um zu erkennen, welche Engpässe bei welchen Belastungen wirksam sind. Für eine bestehende oder geplante Belastung haben Engpasssignifikanzen eine wichtige Bedeutung, da die zugehörigen Ursachen bestimmt werden und daraus geeignete Maßnahmen zur Beseitigung der Engpässe oder zumindest zur Minimierung von deren Wirkungen abgeleitet werden sollen. Das Verfahren zur Bestimmung der tatsächlichen Ursachen der identifizierten Engpässe wird im folgenden Kapitel vorgestellt.

5 Ansatz zur Zuordnung der Ursachen von Engpässen

Nachdem die Lokalisierung von Engpässen im Untersuchungsraum in Kapitel 4 methodisch beschrieben wurde, ist eine weitere zentrale Frage zu beantworten, nämlich wie die tatsächlichen Ursachen der in Erscheinung tretenden Engpässe zu ermitteln sind. Diese Ursachenfindung dient zur Handhabung von erkannten Engpässen, da situationsspezifische Maßnahmen zur Beseitigung der Engpässe erst dann zielorientiert abgeleitet werden können, wenn die tatsächlichen Ursachen der Engpässe bekannt sind. Da ein Engpass durch verschiedene Einflüsse und auch durch deren Zusammenwirken verursacht werden kann, ist die Ursachenfindung für eine komplexe Infrastruktur nicht trivial. Die Ursachen selbst sind nämlich nicht immer am Engpass selbst zu finden und es existieren für diesen Zweck bisher auch keine zielführenden Methoden, mit denen die Ursachen von Engpässen systematisch erkannt werden können. Nachfolgend wird daher ein Ansatz zur Zuordnung der Ursachen von Engpässen auf der Grundlage der Erkenntnisse aus dem DFG-Projekt [Martin & Li 2014] entwickelt, bei dem die auftretenden Behinderungen nicht nur am jeweiligen Erscheinungsort zusammengefasst, sondern ihre Verläufe entlang kompletter Fahrwege betrachtet werden.

Der Ansatz zur Zuordnung der Ursachen von Engpässen und die Ableitung von Maßnahmen beruhen auf den folgenden Schritten:

- Da Engpässe stets Behinderungen zwischen Zugfahrten an den betroffenen Stellen aufweisen, werden in Abschnitt 5.1 und Abschnitt 5.2 die Entstehungen und die Verläufe der Behinderungen sowohl für eine Zugfahrt selbst als auch unter Berücksichtigung des Zusammenwirkens (auch Verkettung genannt) zwischen mehreren Zugfahrten betrachtet.
- Darauf basierend wird in Abschnitt 5.3 ein Suchalgorithmus zur Identifizierung von Ursachen der Engpässen entwickelt, mit dem die tatsächlichen Ursachen lokalisiert werden können.
- Um die Ursachen der Engpässe festzustellen und daraus die geeigneten Maßnahmen abzuleiten, sollen zunächst die beiden Fragen beantwortet werden, welche betrieblichen und welche infrastrukturellen Ursachen Einflüsse auf die Entstehung von Engpässen machen können. Derartige Einflussfaktoren bilden die Grundlage für die Zuordnung von möglichen Ursachen von Engpässen für die

maßnahmenbezogene Bewertung. In Abschnitt 5.4 werden die engpassauslösenden Einflüsse in der Betriebsplanung und der Infrastrukturgestaltung diskutiert.

- Zur Beseitigung eines Engpasses können verschiedene Maßnahmen ergriffen werden, wobei die Auswahl der geeigneten Maßnahmen unter Berücksichtigung von technischen und wirtschaftlichen Aspekten zu treffen ist. Aufgrund beschränkter finanzieller Mittel steht dabei die sorgfältige Überlegung im Mittelpunkt, wie ein größtmöglicher Effekt durch eine kleinstmögliche Anpassung zu erreichen ist, ohne die verkehrliche Aufgabenstellung signifikant einzuschränken. D.h. es wird ermittelt, ob es möglich ist, durch eine oder wenige Maßnahmen mehrere Engpässe gleichzeitig beseitigen oder ihre Wirkungen vermindern zu können. Diese Frage kann beantwortet werden, nachdem die Ursachen für die Engpässe gefunden wurden. Hierauf aufbauend kann die Einflussweite der Ursachen bestimmt werden, sodass die Anzahl der von der jeweiligen Ursache ausgelösten Engpässe sowie deren Wechselwirkungen erkennbar sind. Durch Wechselwirkungen und Rückstaueffekte können oftmals mehr als ein Engpass einer Ursache zugeordnet werden. Je mehr Engpässe von einer Ursache hervorgerufen werden, desto höher ist grundsätzlich auch die Umsetzungspriorität der entsprechenden Maßnahmen.
- Die auszuwählenden Maßnahmen werden in weiteren Untersuchungsvarianten im Rahmen der Leistungsuntersuchung auf ihre Wirksamkeit geprüft.

5.1 Kategorisierung von Behinderungen

Da eine Zugfahrt nicht nur die sich direkt ausschließenden Zugfahrten, sondern aufgrund des Verkettungseffekts auch entferntere Zugfahrten behindern kann, ist es notwendig, die Behinderung im gesamten Fahrtverlauf innerhalb des Untersuchungsraums gezielt zu untersuchen, um auf diese Weise die Ursachen einer auftretenden Behinderung zu ermitteln. In [Li & Martin 2014] (vgl. [Martin & Li 2014]) werden zuglaufbezogene Behinderungen nach deren Häufigkeit und Einflussweite in Abbildung 5-1 kategorisiert.

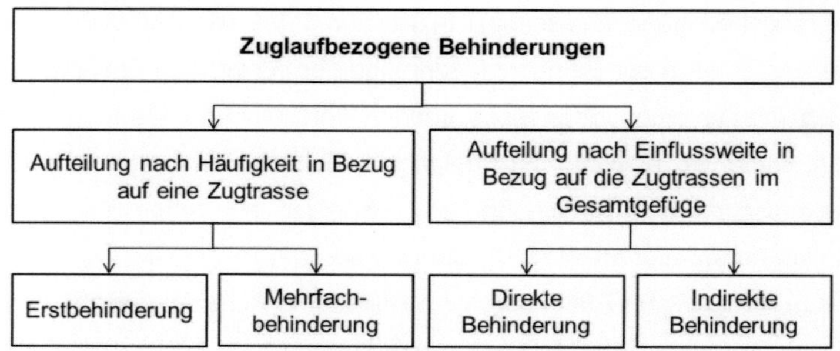

Abbildung 5-1: Kategorisierung von Behinderungen (Quelle: Modifizierte eigene Darstellung in [Li & Martin 2014] und [Martin & Li 2014])

Aufteilung nach Häufigkeit

Die Häufigkeit beschreibt, wie oft eine Behinderung auftritt. Dabei sind zwei Typen, die Erstbehinderung und die Mehrfachbehinderung, zu unterscheiden.

- **Erstbehinderung**

  Eine Erstbehinderung bezieht sich auf die erste auftretende Behinderung eines Zuglaufs aufgrund eines Konflikts. Bei der Erstbehinderung weicht der reale Betriebsablauf nach einem behinderungsfreien Betriebsablauf zum ersten Mal signifikant vom planmäßigen Betriebsablauf ab. Im Beispiel in Abbildung 5-2 wird ein Zug Z_2 zum ersten Mal an der Fahrwegkomponente $FK_{(s1,s2)}$ durch eine andere Zugfahrt (Z_1) auf Fahrwegkomponente $FK_{(s2,s3)}$ behindert, sodass bei dieser Situation die Behinderung von Z_2 auf $FK_{(s1,s2)}$ ($BH_{FK_{(s1,s2)},Z_2}$) einer Erstbehinderung entspricht.

- **Mehrfachbehinderung**

  Im Vergleich mit der Erstbehinderung kann ein Zug während des Fahrtverlaufs weitere Behinderungen haben. Mehrfachbehinderungen treten beispielweise auf, wenn ein Zug nach einem außerplanmäßigen Halt oder dem Bremsen zur Behebung eines Konflikts wieder anfährt, sodass die planmäßige Fahrzeit verlängert wird (z.B. die Behinderung von Z_2 auf $FK_{(s2,s3)}$ ($BH_{FK_{(s2,s3)},Z_2}$) in Abbildung 5-2).

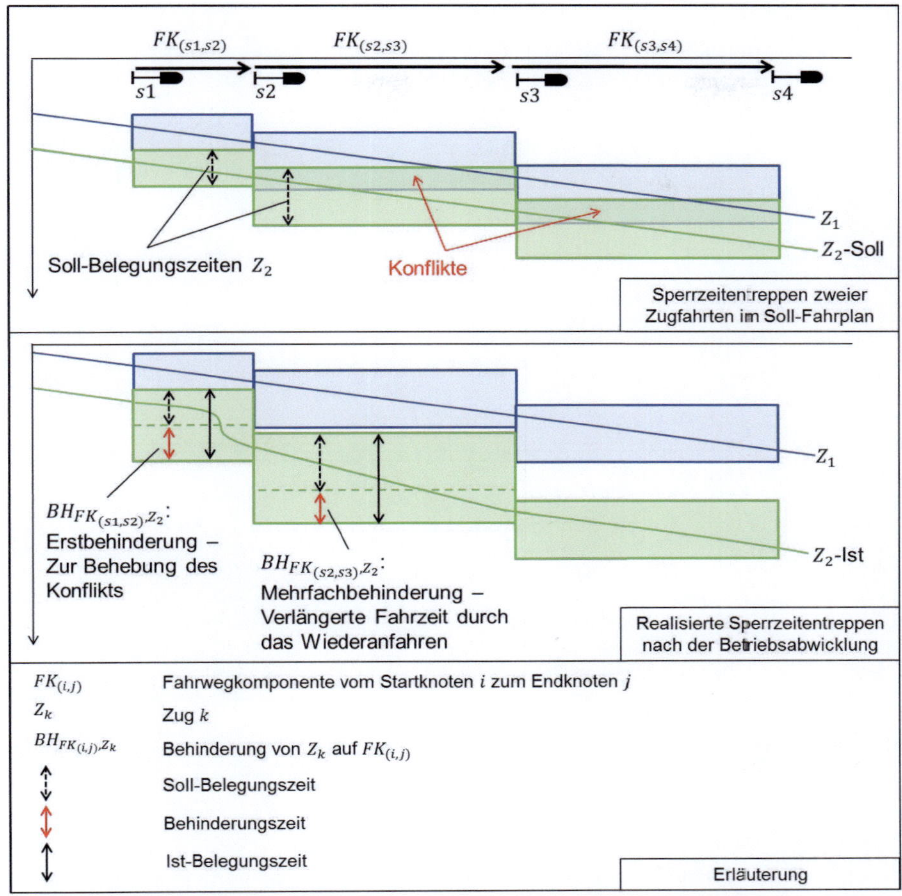

Abbildung 5-2: Aufteilung von Behinderungen nach Häufigkeit (Quelle: Eigene Darstellung in [Martin & Li 2014])

Aufteilung nach Einflussweite

Aufgrund der Verkettung von Zugfahrten und des Zusammenwirkens von unterschiedlichen Belegungselementen (Fahrwegkomponenten und Basisstrukturen) befinden sich die tatsächlichen Ursachen von Engpässen nicht immer nur im unmittelbaren Umfeld der Engpässe. Demzufolge werden Behinderungen nach ihrer Einflussweite in direkte und indirekte Behinderungen eingeteilt.

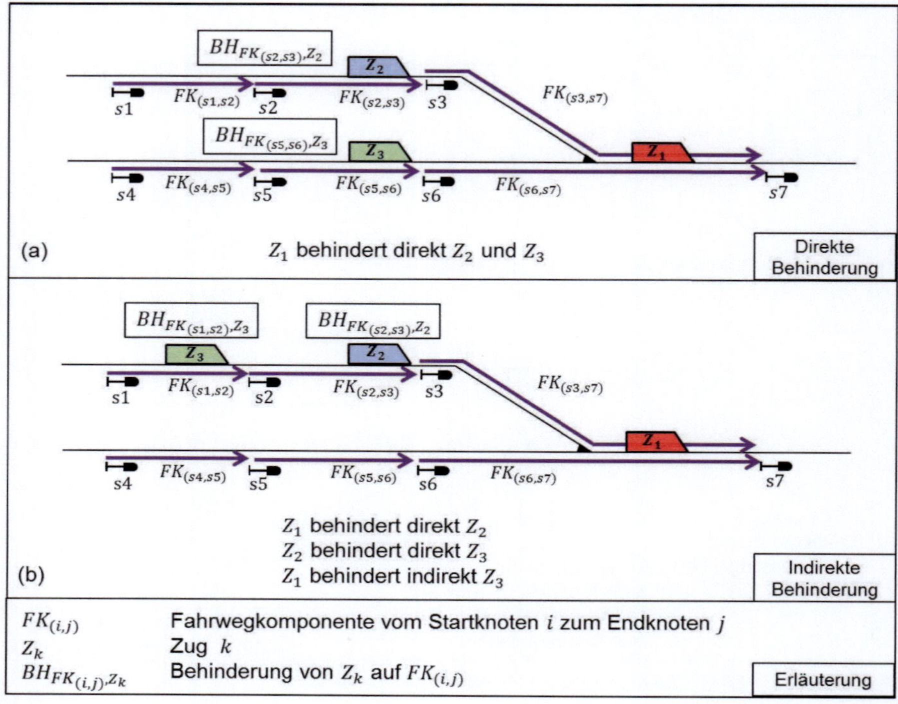

Abbildung 5-3:Aufteilung von Behinderungen nach Einflussweite (Quelle: Modifizierte eigene Darstellung in [Martin & Li 2014] vgl. [Li & Martin 2014])

- **Direkte Behinderung**

  Eine direkte Behinderung tritt unmittelbar im Umfeld der verursachenden Stelle auf. Im Beispiel in Abbildung 5-3 (a) ist dies zusehen, da Z_1 hier Z_2 und Z_3 zugleich direkt behindert. Hierbei entsprechen die Behinderungszeiten der jeweiligen Fahrwegkomponenten durch die behinderten Züge (hier: $BH_{FK_{(s2,s3)},Z_2}$ und $BH_{FK_{(s5,s6)},Z_3}$) der direkten Behinderung.

- **Indirekte Behinderung**

  Eine indirekte Behinderung entsteht aus dem Zusammenwirken mehrerer Zugfahrten. Im Beispiel in Abbildung 5-3 (b) wird Z_3 von Z_2 behindert, der wiederum von Z_1 behindert wird, sodass sich die Behinderung von Z_2 durch Z_1 auf Z_3 fortpflanzt. Die Behinderung von Z_3 auf $FK_{(s1,s2)}$ ($BH_{FK_{(s1,s2)},Z_3}$) ist eine indirekte Behinderung, die nicht durch die unmittelbar benachbarten, sondern durch andere entfernte Belegungselemente (Fahrwegkomponenten) verursacht wird.

Die Kategorisierung von Behinderungen schafft somit eine Grundlage für den Suchalgorithmus, der anhand der Kategorisierung jede Behinderung systematisch erfasst, sodass alle an Engpässen auftretenden Behinderungen vollständig belegungselementverursacht aufgeteilt und zugeordnet werden können.

5.2 Korrelation von Behinderungen und Ursachen

Zur Lokalisierung von Engpässen ist eine Diagnose erforderlich, in deren Ergebnis die Probleme in einem Untersuchungsraum erkennbar werden. Im Sinne der Leistungsuntersuchung können den Engpässen infrastrukturelle und betriebliche Ursachen zugeordnet werden. Im Gegensatz zu den Wirkungen sind die tatsächlichen Ursachen der Engpässe oftmals nicht offensichtlich, da ein Engpass auch durch die Wechselwirkung mehrerer Einflüsse verursacht werden kann. Im realen Betrieb kann eine Behinderung nicht nur die benachbarten Infrastrukturabschnitte beeinflussen, sondern auch zu Beeinträchtigungen an weiter entfernten Stellen führen. Um die Ursachen zu finden, wird der Zusammenhang von Behinderungen und Ursachen in diesem Abschnitt diskutiert (s.a. [Martin & Li 2014]). Darauf basierend wird nachfolgend in Abschnitt 5.3 ein Suchalgorithmus zur Lokalisierung der tatsächlichen Ursachen entwickelt.

In [Martin & Li 2014] wird die Korrelation von Behinderungen und Ursachen nach ihren Standorten in folgende vier Fälle aufgeteilt werden:

- Fall 1: Ursache befindet sich unmittelbar am Engpass und verursacht die Behinderungen am Engpass direkt.
- Fall 2: Ursache befindet sich unmittelbar am Engpass, aber verursacht die Behinderungen am Engpass indirekt.
- Fall 3: Ursache befindet sich nicht unmittelbar an Engpässen, aber verursacht die Behinderungen an Engpässen direkt.
- Fall 4: Ursache befindet sich nicht unmittelbar an Engpässen und verursacht die Behinderungen an Engpässen indirekt.

Im Folgenden wird jeder Fall mit einem Beispiel verdeutlicht.

Fall 1: Ursache befindet sich unmittelbar am Engpass und verursacht die Behinderungen am Engpass direkt

Im Beispiel in Abbildung 5-4 fährt Z_1 vor Z_2 und Z_3 und behindert dabei die nachfolgenden Züge bei der Einfädelung (hier auf Basisstruktur BS_1). Die dort auftretenden Behinderungszeiten $BH_{FK_{(s1,s2)},Z_2}$ und $BH_{FK_{(s3,s4)},Z3}$ werden den Nicht erfüllbaren Belegungswünschen von BS_1 zugeordnet. Dadurch offenbart sich BS_1 als Engpass. In diesem Fall liegt die Ursache wegen der Belegung von Z_1 am Engpass BS_1, d.h. die Ursache befindet sich unmittelbar am Engpass.

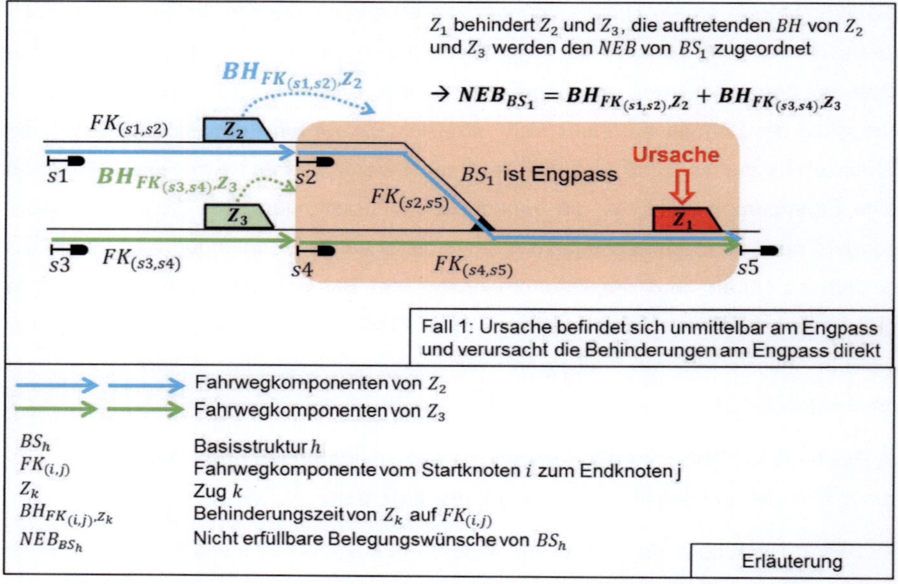

Abbildung 5-4: Beispiel des Zusammenhangs von Behinderungen und Ursachen – Fall 1 (Quelle: Modifizierte eigene Darstellung in [Martin & Li 2014])

Fall 2: Ursache befindet sich unmittelbar am Engpass, aber verursacht die Behinderungen am Engpass indirekt

Im zweiten Fall in Abbildung 5-5 fahren Z_2 und Z_3 auf einer Strecke mit Gleiswechselbetrieb. Z_2 wird durch den vorausfahrenden Zug Z_1 in BS_1 behindert. Da Z_2 aufgrund der Behinderung durch Z_1 den Blockabschnitt (zu dem gehört $FK_{(s1,s2)}$), den auch Z_3 belegen möchte, länger belegen muss, behindert Z_2 wiederum Z_3. Die dort auftretenden Behinderungszeiten $BH_{FK_{(s1,s2)},Z_2}$ und $BH_{FK_{(s6,s7)},Z3}$ sind Nicht erfüllbare Belegungswünsche auf BS_1, wobei $BH_{FK_{(s6,s7)},Z3}$ nicht direkt von Z_2 sondern indirekt von Z_1 verursacht wird. In diesem Fall befindet sich die Ursache Z_1 unmittelbar am Engpass BS_1, aber verursacht nicht nur eine direkte Behinderung auf Z_2 sondern auch eine indirekte Behinderung auf Z_3 ($BH_{FK_{(s6,s7)},Z3}$).

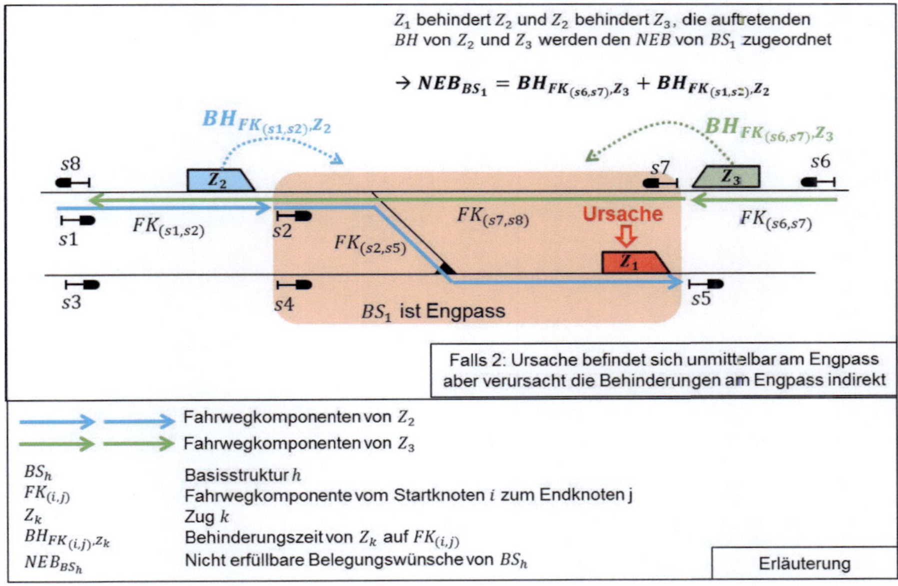

Abbildung 5-5: Beispiel des Zusammenhangs von Behinderungen und Ursachen – Fall 2 (Quelle: Modifizierte eigene Darstellung in [Martin & Li 2014])

Fall 3: Ursache befindet sich nicht unmittelbar an Engpässen, aber verursacht die Behinderungen an Engpässen direkt

Bei einer weiteren Situation, die in Abbildung 5-6 dargestellt ist, wollen Z_1, Z_2 und Z_3 aus drei verschiedenen Richtungen ein gemeinsames Gleis nutzen. Z_1 belegt zuerst das Gleis mit einer langen planmäßigen Haltezeit, woraus resultiert, dass sowohl Z_2 als auch Z_3 zu diesem Zeitpunkt das Gleis nicht belegen können und vor der Einfahrt warten müssen. Die dort entstehenden Behinderungen werden jeweils den Nicht erfüllbaren Belegungswünschen von BS_1 und BS_2 zugeordnet, sodass diese als Engpässe in Erscheinung treten. In diesem Fall liegt die tatsächliche Ursache der Engpässe zwar an der langen Haltezeit von Z_1, jedoch ist ein Zusammenhang zwischen der Ursache und den Engpässen nicht unmittelbar zu erkennen. In diesem Zugfolgefall schließen sich die drei Zugfahrten gegenseitig aus, sodass Z_2 und Z_3 durch Z_1 direkt behindert werden. Aufgrund der Gleistopologie treten die Behinderungen dabei nicht unmittelbar im Bereich der Ursache der Engpässe auf.

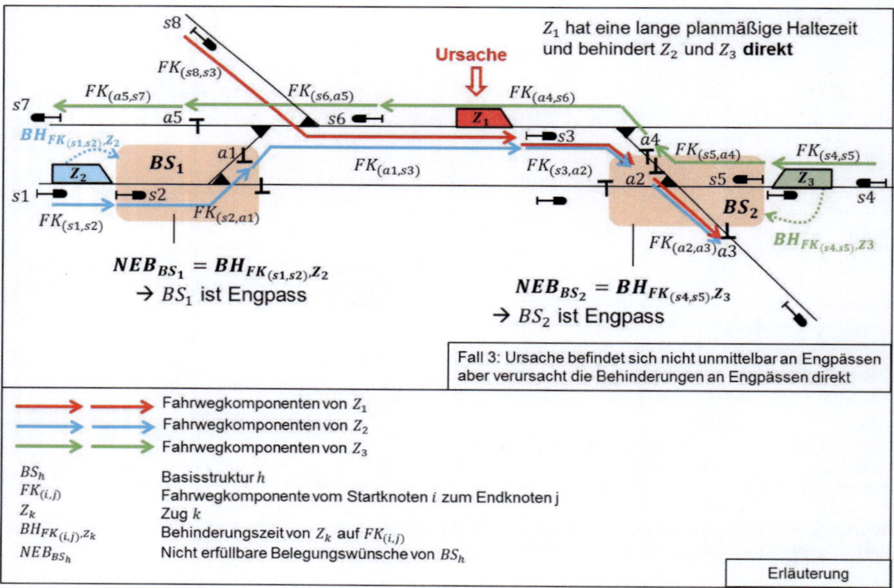

Abbildung 5-6: Beispiel des Zusammenhangs von Behinderungen und Ursachen – Fall 3 (Quelle: Modifizierte eigene Darstellung in [Martin & Li 2014])

Fall 4: Ursache befindet sich nicht unmittelbar an Engpässen und verursacht die Behinderungen an Engpässen indirekt

Ein anderes klassisches Problem wird in Abbildung 5-7 dargestellt. Hier fahren drei Züge auf drei Fahrwegen in der Reihenfolge $Z_1 - Z_2 - Z_3$. Z_1 und Z_2 sind kreuzende Zugfahrten, wobei Z_2 durch Z_1 behindert wird. Weil Z_2 aufgrund der Behinderung außerplanmäßig länger halten muss, behindert er wiederum Z_3. So treten Behinderungen an den Basisstrukturen BS_1 und BS_2 auf. Allerdings ist die Behinderung, die bei Z_3 auftritt nicht von Z_2, sondern von Z_1 verursacht. Z_1 und Z_3 sind Zugfahrten auf zwei nebeneinander verlaufenden Gleisen und schließen sich daher nicht direkt aus. Bei diesem Fall ist die tatsächliche Ursache durch die Übertragung der Behinderungen und das Zusammenwirken mehrerer Zugfahrten nicht direkt erkennbar.

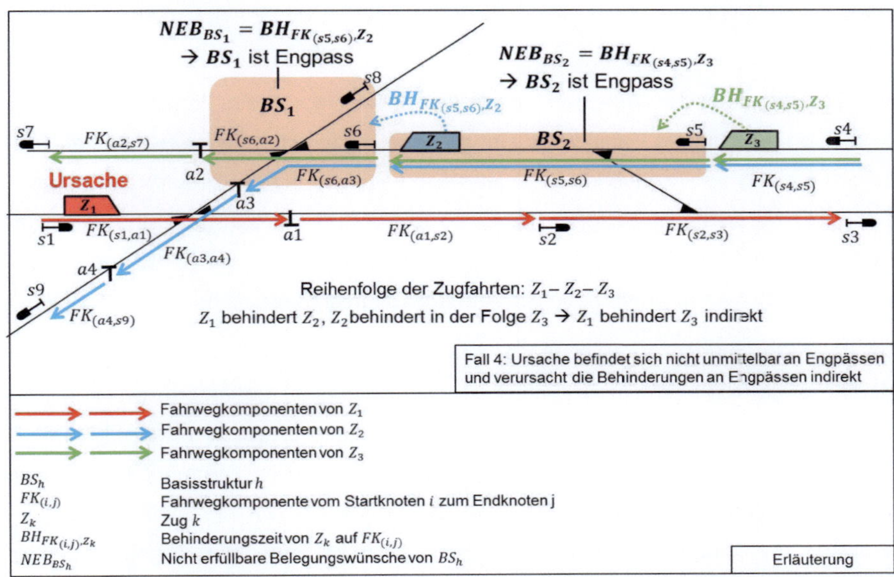

Abbildung 5-7: Beispiel des Zusammenhangs von Behinderungen und Ursachen – Fall 4 (Quelle: Modifizierte eigene Darstellung in [Martin & Li 2014])

Aufgrund der oben diskutierten vielfältigen Korrelationen von Behinderungen und Ursachen liegt das Ziel des Ansatzes zur Ursachenfindung im folgenden Abschnitt darin, die Übertragung von Behinderungen entlang der Fahrwege zu verfolgen, um so den Zusammenhang von Ursachen und Engpässen zu erkennen.

5.3 Ansatz zur Lokalisierung der tatsächlichen Ursachen

Basierend auf der detaillierten Analyse von Behinderungen wird ein Ansatz zur Zuordnung von Ursachen zu den erkannten Engpässen entwickelt. Das Konzept beruht darauf, den tatsächlichen Verursacher für eine indirekte Behinderung mit einem Suchalgorithmus zu identifizieren.

5.3.1 Belegungselementverursachte Behinderungszeit

Zur Lokalisierung von Engpässen werden die lokal auftretenden Behinderungen (behinderungsbedingte Wartezeiten) der Züge betrachtet, bevor diese die Engpässe belegen. Aufgrund der in Abschnitt 5.2 diskutierten Wirkung der Fortpflanzung von Behinderungen werden die auftretenden Behinderungen auf einem Belegungselement nicht immer durch die benachbarten Belegungselemente (Engpässe) verursacht.

Das Grundkonzept der Ursachenfindung liegt darin, die auftretenden Behinderungen in direkte und indirekte Behinderungen aufzuteilen sowie für die indirekten Behinderungen entlang der Fahrtverläufe die jeweiligen Ursachen zu lokalisieren. Für dieses Ziel wird die neue Kenngröße **„Belegungselementverursachte Behinderungszeit“ (BBH)** ([Martin & Li 2014] und [Li & Martin 2015]) für Belegungselemente eingeführt, die sich nicht an dem Effekt sondern an der Ursache orientiert.

Die **Belegungselementverursachte Behinderungszeit (BBH)** eines Belegungselements (gerichtet oder ungerichtet) ist die Summe der Behinderungszeiten aller Züge, die von der Belegung dieses Belegungselements verursacht werden ([Martin & Li 2014] und [Li & Martin 2015]). Es werden für ein Belegungselement summarisch die auftretenden Behinderungen der Züge, die unmittelbar von ihm behindert werden, und auch die Anteile der auftretenden Behinderungen derjenigen Züge, die infolge von übertragenen Behinderungen indirekt von diesem Belegungselement behindert werden, ausgewiesen. Dimension: Zeit pro Zug (z.B. Sekunden/Zug).

In Abbildung 5-8 werden der Zusammenhang sowie der Unterschied der Grundkenngröße „Behinderungszeit“ und der neuen Kenngröße „Belegungselementverursachte Behinderungszeit“ beispielhaft dargestellt. Aufgrund der Belegung auf $FK_{(s3,s7)}$ werden die Züge Z_2 und Z_3 durch den Zug Z_1 direkt behindert; demzufolge tritt eine Behinderungszeit $BH_{FK_{(s2,s3)},Z_2}$ auf der Fahrwegkomponente $FK_{(s2,s3)}$ und eine Behinderungszeit $BH_{FK_{(s5,s6)},Z_3}$ auf der Fahrwegkomponente $FK_{(s5,s6)}$ auf. Die Summe der Behinderungszeiten $BH_{FK_{(s2,s3)},Z_2}$ und $BH_{FK_{(s5,s6)},Z_3}$, die durch Z_1 verursacht werden, entspricht der Belegungselementverursachten Behinderungszeit $BBH_{FK_{(s3,s7)}}$ von $FK_{(s3,s7)}$. Anders ausgedrückt gilt somit, dass die Belegung auf $FK_{(s3,s7)}$ (hier im Beispiel durch Z_1) andere Züge für die bestimmte Zeit von $BBH_{FK_{(s3,s7)}}$ behindert. $FK_{(s3,s7)}$ selbst muss hierbei aber nicht eine Behinderungszeit besitzen.

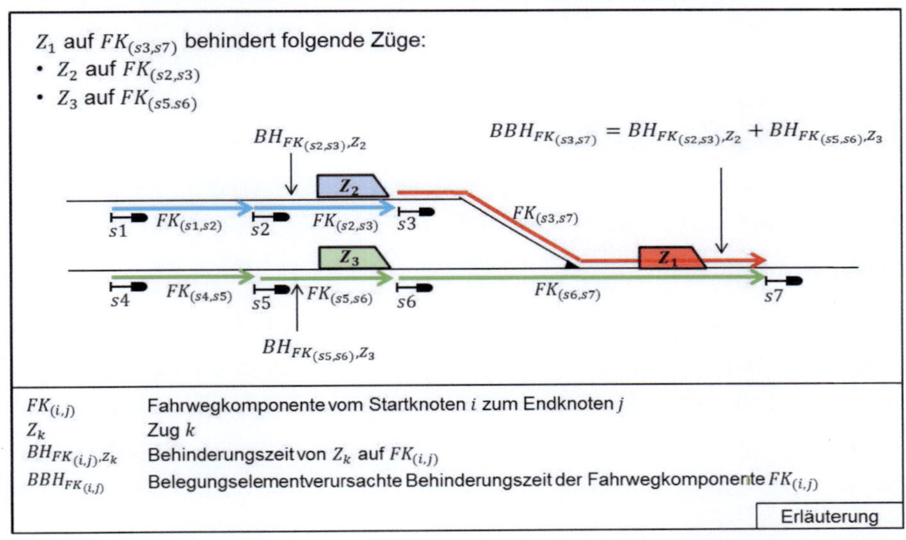

Abbildung 5-8: Zusammenhang und Unterschied der Kenngrößen Behinderung und Belegungselementverursachte Behinderung

Im Vergleich mit der Kenngröße „Behinderungszeit" beschreibt die Belegungselementverursachte Behinderungszeit eine „aktive" Wirkung, die Aufschluss darüber gibt, wie lange ein Belegungselement Zugfahrten behindert. Die Behinderungszeit auf einem Belegungselement stellt dagegen eine „passive" Wirkung dar und beschreibt, wie lange Zugfahrten dort durch andere Zugfahrten behindert werden. Bei der Lokalisierung von Engpässen werden Behinderungen erfasst, um das Phänomen der Engpässe hinreichend genau zu erfassen. Für die Ursachenfindung werden die Behinderungen auf Belegungselementen als Belegungselementverursachte Behinderungszeiten erneut zugeordnet, um so die Ursachen den einzelnen Engpässen zuzuordnen.

Im folgenden Abschnitt 5.3.2 wird der Suchalgorithmus beschrieben, mit dem eine auftretende Behinderung auf einer Fahrwegkomponente den Belegungselementverursachten Behinderungszeiten der entsprechenden Fahrwegkomponenten zugeordnet wird. Werden alle auftretenden Behinderungen an einem Engpass nach dem Suchalgorithmus zugeordnet, können maßgebende Ursachen lokalisiert werden. Der Ablauf der Ursachenfindung wird in Abschnitt 5.3.3 zusammengefasst. Darüber hinaus können geeignete Maßnahmen abgeleitet werden, indem die Ursachen in Infrastruktur und Betriebsprogramm festgestellt werden (siehe Abschnitt 5.5).

5.3.2 Suchalgorithmus zur Zuordnung einer Behinderung

In diesem Abschnitt wird beschrieben, wie eine am Engpass auftretende Behinderung den Belegungselementverursachten Behinderungszeiten der betroffenen Belegungselemente mithilfe des in der Arbeit eingesetzten mikroskopischen Zwei-Ebenen-Modells zugeordnet wird (vgl. Abschnitt 3.4).

Rahmenbedingungen

Eine Simulation ist ein realitätsnahes Mittel, mit dem sehr komplexe Szenarien berücksichtigt und berechnet werden können. Gleichzeitig kann jedoch mit der simulativen Methode die reale Eisenbahnwelt nie gänzlich ohne Abweichungen abgebildet werden. Aus diesem Grund werden für eine zielführende und hinreichende Genauigkeit bei Leistungsuntersuchungen verschiedene Rahmenbedingungen berücksichtigt. Bei dem vorliegenden Suchalgorithmus sind folgende Rahmenbedingungen zu beachten:

- Für die Engpassanalyse in der vorliegenden Arbeit werden Fahrplansimulationen (ohne direkt eingebrachte Störeinflüsse) verwendet, wobei Urverspätungen nicht explizit angegeben werden. Ihre Wirkung kann allerdings durch den Effekt von Folgeverspätungen aus den Konflikten in zufällig innerhalb von Zeitscheiben für den beabsichtigten Zweck hinreichend angelegten Zugfahrten widergespiegelt werden (siehe Erläuterung in Abschnitt 2.4.3).
- Bei der Betriebsplanung in der Praxis werden Zugfolgepufferzeiten und Zeitzuschläge im Rahmen der Fahrplankonstruktion berücksichtigt, um Verspätungen infolge von Störeinflüssen zu dämpfen. Im Rahmen der vorliegenden Untersuchung werden Fahrpläne bereits unter Berücksichtigung der stochastischen Bedingungen zufällig generiert, sodass eine feste Verkettung der Zugfolgen grundsätzlich nicht beibehalten werden kann. Andererseits kann der Verspätungsver-

lauf verfälscht werden, da die Behinderungen durch Nutzung der Pufferzeiten und Zeitzuschläge behoben werden können, wodurch potenzielle Behinderungen mitunter schwer zu erkennen sind. Aus diesen Gründen sind im Suchalgorithmus keine Zugfolgepufferzeiten und Zeitzuschläge anzugeben, um den Verspätungsverlauf besser verfolgen und die Behinderungsentwicklung zielorientiert beobachten zu können.

- In der Praxis dürfen Züge (überwiegend Güterzüge) durch notwendige Dispositionsmaßnahmen zwar auch früher als zu der jeweiligen planmäßigen Abfahrtszeit abfahren, jedoch ist eine Verfrühung für die Bewertung in der vorliegenden Arbeit nicht zielführend, weshalb Verfrühungen hier nicht gestattet sind.

Ablauf des Algorithmus zur Zuordnung einer Behinderungszeit BH_{FK_i,Z_k}

Für eine Behinderungszeit BH_{FK_i,Z_k} einer Zugfahrt Z_k auf einer Fahrwegkomponente FK_i werden die Belegungselementverursachten Behinderungszeiten zugeordnet. Der Suchalgorithmus zur Zuordnung der Behinderung wird in [Martin & Li 2014] (vgl. [Li & Martin 2015]) in folgenden Schritten beschrieben:

<u>Schritt 1</u>: Bestimmung des unmittelbar behindernden Zugs $Z_{bh(1)}$ von Z_k

Wenn eine Behinderungszeit BH_{FK_i,Z_k} von Z_k auf FK_i auftritt, wird zunächst geprüft, ob diese Behinderungszeit sich auf eine behinderungsbedingte Wartezeit bezieht. Hierin eingeschlossen ist die Überprüfung, ob Z_k durch einen anderen Zug behindert wird.

Der behindernde Zug $Z_{bh(1)}$ von Z_k wird dabei nach folgenden Schritten gesucht:

a) Für Z_k wird zuerst die als Nächstes zu belegende Fahrstraße nach FK_i in Fahrtrichtung bestimmt (z.B. Fahrstraße $s[i2]$→$s[i4]$ im Beispiel in Abbildung 5-9).
b) Für alle Fahrwegkomponenten, die zu der als Nächstes zu belegenden Fahrstraße gehören (hier FK_{i+1} und FK_{i+2}), werden die zugehörigen Basisstrukturen bestimmt. Im Beispiel in Abbildung 5-9 ist BS_1 die zugehörige Basisstruktur von FK_{i+1} und BS_2 die zugehörige Basisstruktur von FK_{i+2}.
c) Eine Basisstruktur ist belegt, wenn eine beliebige Fahrwegkomponente belegt ist, die zu dieser Basisstruktur gehört. Aus diesem Grund wird der behindernde Zug in allen Fahrwegkomponenten gesucht, die zu den in b) bestimmten Basisstrukturen (hier: BS_1 und BS_2) gehören (hier: FK_{i+1}, FK_{i+2} und $FK_{bh(1)}$).

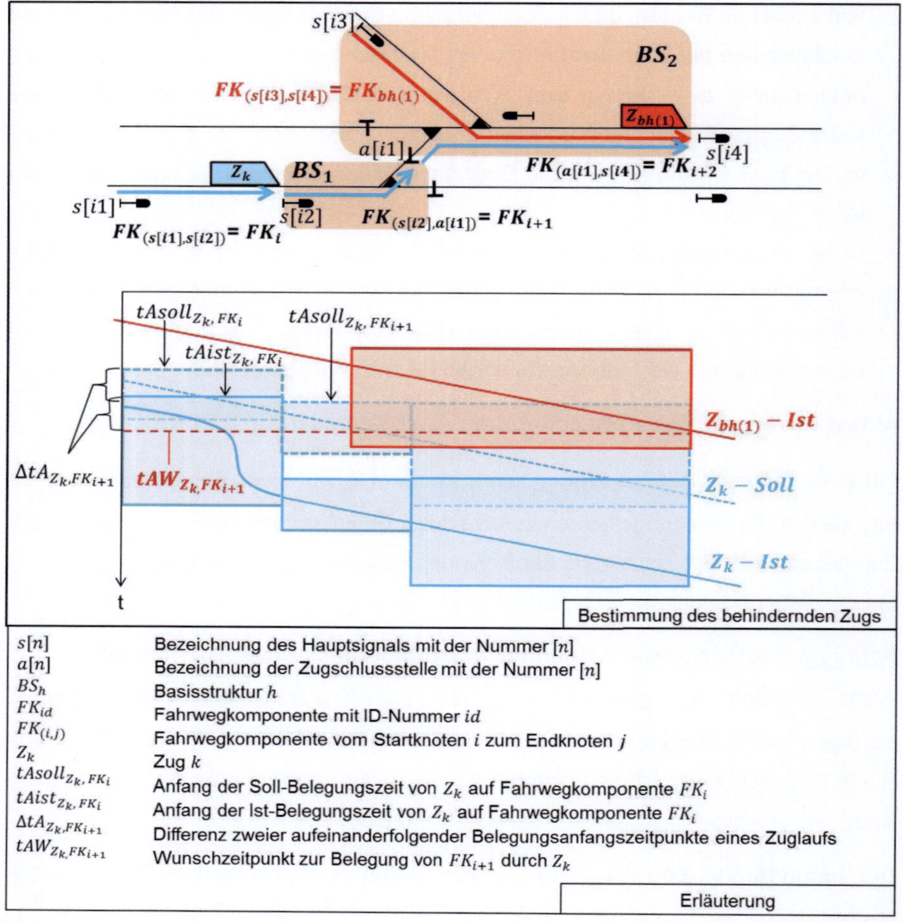

Abbildung 5-9: Bestimmung des behindernden Zugs für einen behinderten Zug (Schritt 1) (Quelle: Modifizierte eigene Darstellung in [Martin & Li 2014])

d) Um zu bestimmen, welcher Zug Z_k direkt behindert, wird gesucht, welcher andere Zug die von Z_k zu belegenden Basisstrukturen (Ergebnisse aus b; hier: BS_1 und BS_2) zu dem Zeitpunkt belegt, wenn Z_k die Belegung der nächsten Fahrstraße anfordert. Weil die Sperrzeitentreppe eines Zugs bei Konfliktfällen verschoben werden kann, wird der Wunschbelegungszeitpunkt von Z_k zur nächsten Fahrwegkomponente annähernd[11] ermittelt, indem die Differenz zweier aufeinanderfolgender Belegungsanfangszeitpunkte eines Zuglaufs im Soll-Fahrplan verglichen wird (Abbildung 5-9). Diese Differenz $\Delta tA_{Z_k, FK_{i+1}}$ zweier aufeinanderfolgender Belegungsanfangszeitpunkte auf den Fahrwegkomponenten FK_i (hier $FK_{(s[i1],s[i2])}$) und FK_{i+1} (hier $FK_{(s[i2],a[i1])}$) durch einen Zuglauf Z_k wird berechnet als:

$$\Delta tA_{Z_k, FK_{i+1}} = tAsoll_{Z_k,\ FK_{i+1}} - tAsoll_{Z_k,\ FK_i} \tag{5-1}$$

Dabei sind:

$tAsoll_{Z_k,\ FK_{i+1}}$	Anfang der Soll-Belegungszeit von Z_k auf FK_{i+1}	[hh:mm:ss]
$tAsoll_{Z_k,\ FK_i}$	Anfang der Soll-Belegungszeit von Z_k auf FK_i	[hh:mm:ss]

Bei den realisierten Sperrzeitentreppen ergibt sich der Wunschzeitpunkt $tAW_{Z_k,FK_{i+1}}$ zur Belegung von FK_{i+1} durch Z_k aus:

$$tAW_{Z_k,FK_{i+1}} = tAist_{Z_k,\ FK_i} + \Delta tA_{Z_k, FK_{i+1}} \tag{5-2}$$

Dabei ist:

$tAist_{Z_k,\ FK_i}$	Anfang der Ist-Belegungszeit von Z_k auf FK_i	[hh:mm:ss]

e) Nachdem der Wunschbelegungszeitpunkt bestimmt wurde, wird geprüft, welcher andere Zug zu diesem Zeitpunkt die vom behinderten Zug angeforderten Basisstrukturen belegt. Dieser andere Zug stellt dann den zu findenden unmittelbar behindernden Zug (hier $Z_{bh(1)}$) dar, der $FK_{bh(1)}$ (hier: $FK_{(s[i3],s[i4])}$) belegt.

Wenn kein behindernder Zug gefunden wird, bedeutet das, dass die Behinderung entsteht, obwohl die zu belegende Fahrstraße frei ist. In diesem Fall entsteht die Behinderung durch eine Mehrfachbehinderung infolge der Behebung einer vorhergehenden Behinderung (siehe Abschnitt 5.1, Abbildung 5-2). D.h. Z_k wird auf FK_i nicht durch einen anderen Zug behindert, und der Suchvorgang wird beendet.

[11] Weil die exakten Belegungszeitpunkte bei der Betriebsabwicklung vom verwendeten Simulationswerkzeug abhängig sind, gibt das Verfahren zur Bestimmung des Wunschbelegungszeitpunkts realistische Schätzwerte aus, die von den durch Simulationswerkzeuge berechneten Werten leicht abweichen können. Mehrfach durchgeführte Experimente lassen allerdings darauf schließen, dass die Abweichungen nur geringen Einfluss auf die Ergebnisse haben, sodass diese vernachlässigt werden können.

Schritt 2: Bestimmung der Art der Behinderung

Wird der unmittelbar behindernde Zug $Z_{bh(1)}$ gefunden, ist zu unterscheiden, ob BH_{FK_i,Z_k} sich auf eine direkte oder eine indirekte Behinderung (fortgepflanzte Behinderung) bezieht (siehe Abschnitt 5.1). Dabei sind zwei Fälle zu unterscheiden:

- **Fall 1: $Z_{bh(1)}$ wird nicht durch einen anderen Zug behindert**

  Mit der Methode aus Schritt 1 wird geprüft, ob $Z_{bh(1)}$ zum Zeitpunkt seiner Behinderung von Z_k zugleich durch einen weiteren Zug selbst behindert wird. Wenn ein solcher Zug nicht existiert, behindert $Z_{bh(1)}$ Z_k direkt und eine fortgepflanzte Behinderung ist dadurch nicht vorhanden. BH_{FK_i,Z_k} entspricht somit einer direkten Behinderung und der Suchvorgang wird mit Schritt 3 fortgesetzt.

- **Fall 2: $Z_{bh(1)}$ wird durch einen anderen Zug $Z_{bh(2)}$ behindert**

  Wird $Z_{bh(1)}$ selbst durch einen weiteren Zug $Z_{bh(2)}$ behindert, so kann diese Behinderung vollständig oder anteilig auf Z_k übertragen werden. Dementsprechend muss BH_{FK_i,Z_k} näher untersucht und in zwei Anteile – direkte und indirekte Behinderung – aufgeteilt werden. Die Aufteilung der Behinderung erfolgt durch Schritt 4, mit dem unmittelbar fortzufahren ist.

Schritt 3: Behandlung der direkten Behinderung

Wenn es sich bei BH_{FK_i,Z_k} um eine direkte Behinderung handelt, wird diese Behinderung lediglich durch die Belegung auf $FK_{bh(1)}$ verursacht. Deshalb wird BH_{FK_i,Z_k} zu der Belegungselementverursachten Behinderungszeit von $FK_{bh(1)}$ ($BBH_{FK_{bh(1)}}$) hinzugefügt und der Suchvorgang beendet.

Schritt 4: Aufteilung der Anteile der direkten und indirekten Behinderungen

Wird ein Zug durch einen anderen Zug indirekt behindert, so lässt sich deutlich erkennen, dass die Ursachen nicht nur am unmittelbar behindernden Zug zu finden sind. Um die tatsächlichen Ursachen festzustellen, wird daher der Verlauf der Behinderungen entlang der Fahrwege untersucht. Wenn $Z_{bh(1)}$ (behindernder Zug) Z_k indirekt behindert, können wiederum zwei Fälle auftreten:

- **Fall 1: $Z_{bh(1)}$ und Z_k haben keine vorhandenen Konflikte im Soll-Fahrplan**

  Da ursprünglich keine Konflikte zwischen Z_k und $Z_{bh(1)}$ im Soll-Fahrplan bestehen, behindert $Z_{bh(1)}$ Z_k nur, weil er selbst durch einen weiteren Zug behindert wird und dadurch die Behinderung übertragen wird. $Z_{bh(1)}$ ist deshalb nicht der Verursacher der Behinderung und BH_{FK_i,Z_k} bezieht sich daher auf eine indirekte Behinderung, die durch andere Züge verursacht wird.

- **Fall 2: $Z_{bh(1)}$ und Z_k enthalten bereits Konflikte im Soll-Fahrplan**
  Da die unter stochastischen Bedingungen zufällig generierten Fahrpläne mitunter konfliktbehaftet sind, können im Soll-Fahrplan bereits Konflikte zwischen Z_k und $Z_{bh(1)}$ vorhanden sein. Das bedeutet, dass $Z_{bh(1)}$ nicht nur die von anderen Zügen verursachten Behinderungen weitergibt, sondern auch selbst anteilig Behinderungen verursachen kann. BH_{FK_i,Z_k} enthält dadurch anteilig sowohl direkte als auch indirekte Behinderungen.

Aufgrund der beiden genannten Fälle wird die Behinderung BH_{FK_i,Z_k} in zwei Teile gegliedert:

- Anteil der direkten Behinderung BH_{direkt} durch $Z_{bh(1)}$
- Anteil der indirekten Behinderung $BH_{indirekt}$ durch andere Züge

Für die Aufteilung wird zunächst die direkte Behinderung bestimmt. Die indirekte Behinderung ergibt sich dann aus der Differenz der gesamten Behinderung und der direkten Behinderung.

Die direkte Behinderung entspricht dem bestehenden Konflikt zweier Züge, die ohne Einfluss anderer Züge auch auftreten würde. BH_{direkt} wird durch den Vergleich der bestehenden Konflikte (Überlappung von Sperrzeiten) beider Zugfahrten (Z_k, $Z_{bh(1)}$ im Soll-Fahrplan folgendermaßen bestimmt:

Der Konflikt im Soll-Fahrplan entspricht der Überlappung der Sperrzeitentreppen. Um den Anteil der direkten Behinderung zu ermitteln, muss die Zeitspanne der Überlappung bei der beobachteten Behinderung auch mit den Sperrzeitenüberlappungen verglichen werden, die zeitlich früher liegen[12].

[12] Der Grund für das Zustandekommen von Sperrzeitenüberlappungen ist in [Martin & Li 2014] ausführlich beschrieben.

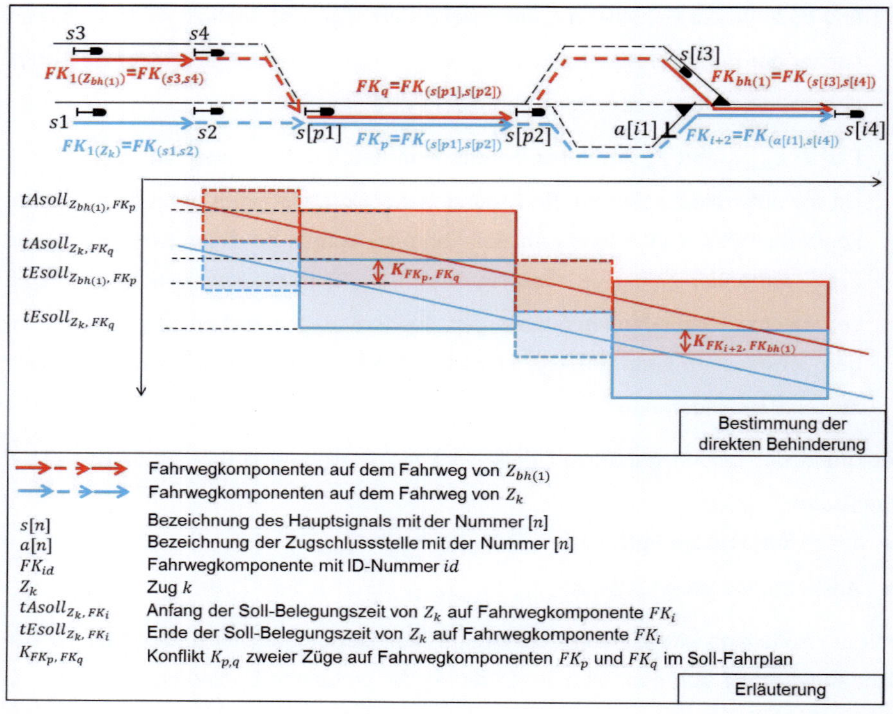

Abbildung 5-10: Konflikte zweier Züge entlang der Fahrwege im Soll-Fahrplan (Quelle: Modifizierte eigene Darstellung in [Martin & Li 2014])

Für die zwei konfliktbehafteten Zugfahrten (hier: Z_k und $Z_{bh(1)}$) werden jeweils die befahrenen Fahrwegkomponenten bis zu den in Konflikt stehenden Fahrwegkomponenten zusammengefasst, die BH_{FK_i,Z_k} verursachen (hier: FK_{i+2} für Z_k und $FK_{bh(1)}$ für $Z_{bh(1)}$).

In Abbildung 5-10 werden die befahrenen Fahrwegkomponenten von Z_k und $Z_{bh(1)}$ dargestellt. Die Fahrwege von Z_k und $Z_{bh(1)}$ verlaufen von $s1$ nach $s[i4]$ (blaue Pfeile) und von $s3$ nach $s[i4]$ (rote Pfeile). Dabei ist $M_{Z_k,FKbefahren}$ die befahrenen Fahrwegkomponenten von Z_k und $M_{Z_{bh(1)},FKbefahren}$ diejenigen von $Z_{bh(1)}$.

$$M_{Z_k,FKbefahren} = \{FK_{1(Z_k)}, \cdots, FK_{i+2}\} \tag{5-3}$$

$$M_{Z_{bh(1)},FKbefahren} = \left\{FK_{1(Z_{bh(1)})}, \cdots, FK_{bh(1)}\right\} \tag{5-4}$$

Dabei sind:

$FK_{1(Z_k)}$ Die erste belegte Fahrwegkomponente des Fahrwegs von Z_k (hier: $FK_{(s1,s2)}$)

$FK_{1(Z_{bh(1)})}$ Die erste belegte Fahrwegkomponente des Fahrwegs von $Z_{bh(1)}$ (hier: $FK_{(s3,s4)}$)

Aus den beiden Mengen werden Fahrwegkomponentenpaare(FK_p, FK_q) bestimmt, deren Sperrzeitentreppen sich überlappen und somit konfliktbehaftet sind. Dabei sind FK_p aus $M_{Z_k,FKbefahren}$ und FK_q aus $M_{Z_{bh(1)},FKbefahren}$; außerdem haben FK_p und FK_q mindestens eine gemeinsame zugehörige Basisstruktur. Die Menge M_{kf} der Fahrwegkomponenten zweier Zugfahrten (hier: Z_k und $Z_{bh(1)}$) mit Konflikten ist:

$$M_{kf} = \{\cdots, (FK_p, FK_q), \cdots (FK_{i+2}, FK_{bh(1)})\} \quad (5\text{-}5)$$

und

$$FK_p \in M_{Z_k,FKbefahren},\ FK_q \in M_{Z_{bh(1)},FKbefahren}$$
$$M_{BS,FK_p} \cap M_{BS,FK_q} \neq \emptyset$$

Dabei sind:

M_{BS,FK_p} Alle zugehörigen Basisstrukturen der Fahrwegkomponente FK_p

M_{BS,FK_q} Alle zugehörigen Basisstrukturen der Fahrwegkomponente FK_q

FK_p Eine von Z_k befahrene Fahrwegkomponente

FK_q Eine von $Z_{bh(1)}$ befahrene Fahrwegkomponente

Im Beispiel in Abbildung 5-10 entsprechen (FK_p, FK_q) den Fahrwegkomponentenpaaren $(FK_{(s[p1],s[p2])}, FK_{(s[p1],s[p2])})$ und $(FK_{(a[i1],s[i4])}, FK_{(s[i3],s[i4])})$.

Der Konflikt zweier Züge auf FK_p und FK_q im Soll-Fahrplan entspricht der Sperrzeitenüberlappung (Abbildung 5-10) und ergibt sich aus der Zeitspanne zwischen dem Ende der Belegungszeit des voranfahrenden Zugs und dem Anfang der Belegungszeit des nachfolgenden Zugs. Im Beispiel in Abbildung 5-10 haben $Z_{bh(1)}$ und Z_k den Konflikt auf FK_p und FK_q, die in diesem Fall derselben Fahrwegkomponente $FK_{(s[p1],s[p2])}$ entsprechen. Die Zeitspanne des Konflikts ergibt sich aus:

$$K_{FK_p, FK_q} = tEsoll_{Z_{bh(1)}, FK_p} - tAsoll_{Z_k, FK_q} \quad (5\text{-}6)$$

Dabei sind:

$tEsoll_{Z_{bh(1)}, FK_p}$ Ende der Soll-Belegungszeit von $Z_{bh(1)}$ auf FK_p [hh:mm:ss]

$tAsoll_{Z_k, FK_q}$ Anfang der Soll-Belegungszeit von Z_k auf FK_q [hh:mm:ss]

Wenn im Fahrplan die beiden Züge bis zum letzten Fahrwegkomponentenpaar mit Konflikt (hier ($FK_{i+2}, FK_{bh(1)}$)) eine Reihe von Konflikten $M_{konf} = \{\cdots, K_{FK_p, FK_q}, \cdots K_{FK_{i+2}, FK_{bh(1)}}\}$ haben, wird verglichen, ob der letzte Konflikt $K_{FK_{i+2}, FK_{bh(1)}}$ das Maximum darstellt. Daraus ergibt sich die direkte Behinderung wie folgt:

- Ist $K_{FK_{i+2}, FK_{bh(1)}}$ kein Maximum, so gilt

$$BH_{direkt} = 0 \tag{5-7}$$

- Ist $K_{FK_{i+2}, FK_{bh(1)}}$ ein Maximum, ergibt sich BH_{direkt} aus der Differenz dieses Maximums und des zweiten maximalen Werts in M_{konf}:

$$BH_{direkt} = K_{FK_{i+2}, FK_{bh(1)}} - Max(M_{konfUnter}) \tag{5-8}$$

  Dabei ist:

  $M_{konfUnter}$ Untermenge von M_{konf}, bei der das Maximum von M_{konf} entfernt wird (hier: $M_{konfUnter} = M_{konf} - \{K_{FK_{i+2}, FK_{bh(1)}}\}$)

Die indirekte Behinderung wird berechnet durch:

$$BH_{indirekt} = BH_{FK_i, Z_k} - BH_{direkt} \tag{5-9}$$

Auf diese Weise wird eine Behinderungszeit in zwei Anteile, eine direkte (BH_{direkt}) und eine indirekte Behinderungszeit ($BH_{indirekt}$) aufgeteilt. BH_{direkt} wird zur Belegungselementverursachten Behinderungszeit der behindernden Fahrwegkomponente $FK_{bh(1)}$ hinzugefügt. $BH_{indirekt}$ wird beim nachfolgenden Suchvorgang in einem temporären Speicher abgelegt, bis der ursächlich behindernde Zug gefunden ist.

<u>Schritt 5</u>: Suchvorgang entlang des Fahrtverlaufs

Um festzustellen, woraus die indirekte Behinderung entsteht, wird der behindernde Zug von Z_{bh} weiter gesucht. Der Suchvorgang wird beendet, wenn ein Zug Z_{N_Z} gefunden ist, der nicht mehr durch andere Züge behindert wird (nach Schritt 2). Die Summe der entlang der Fahrtverläufe im temporären Speicher (aus Schritt 4) gelagerten indirekten Behinderungszeiten sowie die letzte direkte Behinderungszeit durch Z_{N_Z}, werden zusammen zur Belegungselementverursachten Behinderungszeit der Fahrwegkomponente $FK_{N_{FK}}$, die von Z_{N_Z} belegt ist, hinzugefügt. Der Ablauf des Suchalgorithmus wird im Workflow in Abbildung 5-11 dargestellt.

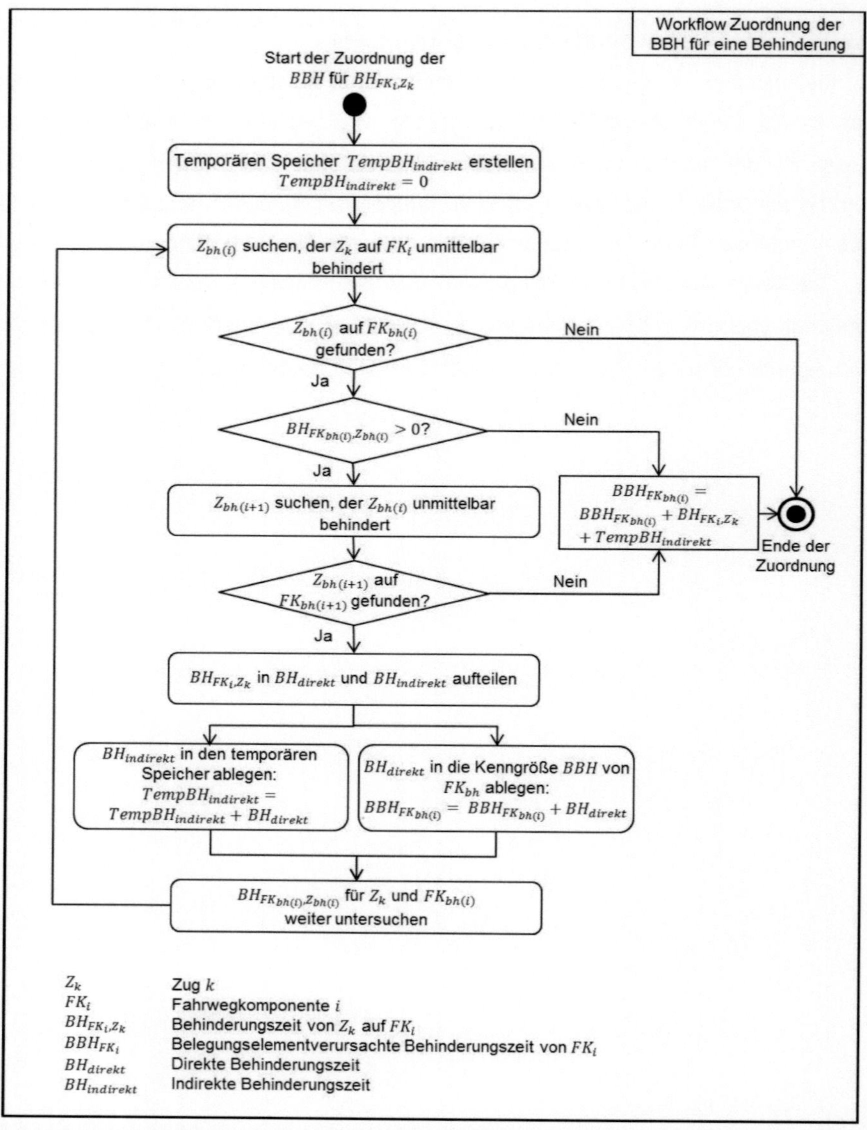

Abbildung 5-11: Workflow der Zuordnung der Belegungselementverursachten Behinderungszeiten für eine Behinderung (Quelle: Eigene Darstellung in [Martin & Li 2014])

5.3.3 Lokalisierung der Ursachen für einen Engpass

In diesem Abschnitt wird das Suchverfahren vorgestellt, mit dem eine Behinderung den verursachenden Belegungselementen zugeordnet werden kann. Für einen lokalisierten Engpass werden alle dort auftretenden Behinderungen nach diesem Suchverfahren ursachenbezogenen zugeordnet. Die Ursachen können dabei nach folgenden Schritten lokalisiert werden:

- Für den Engpass (Basisstruktur) werden alle dort auftretenden Behinderungen erfasst. Diese entsprechen auch den Behinderungszeiten aller Züge, die für die Berechnung der Nicht erfüllbaren Belegungswünsche dieser Basisstruktur zusammengefasst werden.
- Vor dem Suchvorgang wird die Kenngröße „Belegungselementverursachte Behinderungszeit“ (BBH) jeder Fahrwegkomponente auf Null gesetzt.
- Vor der Ursachenfindung für eine Behinderung wird ein temporärer Speicher erstellt, in dem die indirekten Behinderungszeiten während des Suchvorgangs gespeichert werden. Für die Behinderung wird zunächst der unmittelbar behindernde Zug nach dem Suchalgorithmus in Abschnitt 5.3.2 gesucht.
- Wenn der unmittelbar behindernde Zug die Behinderung verursacht, wird der Betrag der Behinderungszeit in die Kenngröße „Belegungselementverursachte Behinderungszeit“ der behindernden Fahrwegkomponente hinzugefügt.
- Wird der unmittelbar behindernde Zug auch durch andere Züge behindert und dadurch die Behinderung fortgepflanzt, ist die Behinderung in einen direkten und einen indirekten Anteil aufzuteilen.
- Die direkten Behinderungszeiten werden als BBH der behindernden Fahrwegkomponente zusammengerechnet. Die indirekte Behinderungszeit wird in den temporären Speicher $TempBH_{indirekt}$ gespeichert und nach dem Suchvorgang zu BBH der zuletzt gefundenen Fahrwegkomponente, die die eigentliche Behinderung verursacht, hinzugezählt.
- Der Suchvorgang wird für alle am Engpass auftretenden Behinderungen iterativ durchgeführt. Nach dem Suchvorgang werden die Belegungselementverursachten Behinderungszeiten der behindernden Fahrwegkomponenten ermittelt und den jeweiligen Basisstrukturen zugeordnet, wodurch die eigentliche Ursache des Engpasses sichtbar wird.

Mit diesem Verfahren werden die auftretenden Behinderungen ursachenorientiert neu zugeordnet, wodurch für Basisstrukturen und Fahrwegkomponenten die Kenngröße „Belegungselementverursachte Behinderungszeit“ gewonnen wird, mit der die Ursachen von Engpässen lokalisiert werden können. Für die Zuordnung der exakten

Ursachen werden zuerst die Basisstrukturen mit den höchsten Belegungselementverursachten Behinderungszeiten als Ursachen der Engpässen lokalisiert. Darüber hinaus wird die Kenngröße „Belegungselementverursachte Behinderungszeit" für alle Fahrwegkomponenten der betroffenen Basisstrukturen geprüft, um zu erkennen, welche Fahrwegkomponenten die Behinderungen maßgeblich verursachen. Darauf basierend werden die Ursachen in Infrastruktur und Betriebsprogramm ermittelt, um konkrete Maßnahmen zur Beseitigung bzw. zur Minimierung der Wirkung der Engpässe abzuleiten.

5.4 Einflussfaktoren auf die Entstehung von Engpässen

Mit dem Ansatz in Kapitel 4 werden Engpässe in einem Untersuchungsraum lokalisiert. Deren Ursprung wird mit dem Suchverfahren in Kapitel 5 auf den verursachenden Belegungselementen lokalisiert. Zur Bestimmung der Ursachen werden entscheidende Einflussfaktoren auf die Belegung und Behinderung von Belegungselementen in [Li & Martin 2014] zusammengefasst und in diesem Abschnitt vorgestellt, die im Sinne der Leistungsuntersuchung mit entsprechenden Untersuchungsmethoden unter angemessenem Detailierungsgrad erfassbar sind. Auf dieser Grundlage werden in Abschnitt 5.5 Maßnahmen zur Beseitigung von Engpässen in Abhängigkeit von betrieblichen und infrastrukturellen Szenarien vorgeschlagen. In vielen Fällen liegen die Ursachen nicht nur in einem einzelnen Einflussfaktor begründet, sondern im Zusammenwirken mehrerer Einflussfaktoren, sodass zur Feststellung von Ursachen die Möglichkeit aller Einflüsse berücksichtigt und geprüft werden muss.

5.4.1 Einflussfaktoren aus der Infrastrukturgestaltung

Die Belegungszeit einer Zugtrasse auf einem Belegungselement (hier: Fahrwegkomponente) setzt sich aus Fahrstraßenbilde- und Sichtzeit, Annäherungsfahrzeit, Fahrzeit im Belegungselement, Räumfahrzeit und Fahrstraßenauflösezeit zusammen (Abbildung 5-12). Alle Zeitanteile der Belegungszeit sind von der Infrastrukturgestaltung und den betrieblichen Bedingungen abhängig, die die Zeitspanne der Belegung beeinflussen können.

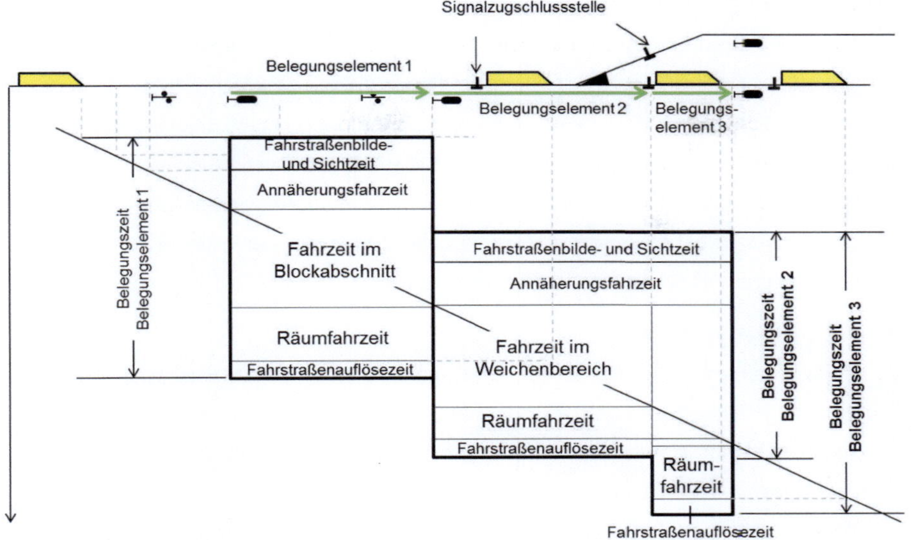

Abbildung 5-12: Belegungszeit der gerichteten Belegungselemente (Fahrwegkomponenten) (Quelle: Eigene Darstellung in [Li & Martin 2014])

Einflüsse aus der Infrastruktur auf die Belegung

In [Li & Martin 2014] werden folgende Einflüsse aus der Infrastruktur zusammengestellt, die die Länge der Belegungszeit beeinflussen können.

- <u>Zulässige Strecken- und Weichengeschwindigkeit</u>

  Eine niedrige zulässige Geschwindigkeit auf Strecken- und Weichen beschränkt die realisierbare Fahrgeschwindigkeit der Züge, auch wenn die technische höchste Geschwindigkeit der Züge höher ist, wodurch sich die Belegungszeit der Belegungselemente aufgrund einer verlängerten Fahrzeit vergrößert.

- <u>Länge des Belegungselements</u>

  Die reine Fahrzeit eines Zugs auf einem Belegungselement hängt neben der Geschwindigkeit auch von der Länge des befahrenen Belegungselements ab. Je länger das Belegungselement ist, desto größer wird die Belegungszeit durch einen Zug.

- Länge des Durchrutschwegs

  Ein Belegungselement wird für einen anderen Zug erst freigegeben, wenn der zugehörige Durchrutschweg geräumt ist. Diese Zeitdauer entspricht der Räumfahrzeit in Abbildung 5-12. Wenn ein Zug also mit einer Geschwindigkeit von 80 km/h beispielsweise einen 100 m und einen 200 m langen Durchrutschweg befährt, so liegt für die beiden Fälle die Differenz der Räumfahrzeit bereits bei 4,5 s. Wenn ein solcher Effekt für mehrere Züge über einen langen Zeitraum hinweg summiert wird, ist diese Differenz nicht vernachlässigbar.

- Teilfahrstraßenauflösung

  Sind für eine Fahrstraße Teilfahrstraßenauflösungen durch entsprechend eingerichtete Freimeldeanlagen vorgesehen, beginnt die Belegungszeit für alle Abschnitte dieser Fahrstraße zum selben Zeitpunkt (Anfang der Belegungszeit). Durch die abschnittsweise Auflösung endet die Belegungszeit jedoch für die einzelnen Abschnitte bereits, sobald der Zug den jeweiligen Abschnitt verlassen hat und der zugehörige Teil der Fahrstraße aufgrund dessen aufgelöst wurde. Demzufolge treten die kürzeste Belegungszeit auf dem ersten und die längste Belegungszeit auf dem letzten Abschnitt der Fahrstraße auf. Außerdem können so Belegungen auf einzeln auflösbaren Belegungselementen reduziert werden, wodurch solche Belegungselemente in kürzeren Folgen durch verschiedene Zugfahrten belegt werden können.

Einflüsse aus der Infrastruktur auf die Behinderung

Unabhängig von der jeweiligen Untersuchungsmethode sind das Auftreten und die Ursachen von Behinderungen stets von zentralem Interesse bei der Engpassanalyse. Behinderungen können aufgrund folgender Einflussfaktoren aus der Infrastruktur verursacht werden (s.a. [Li & Martin 2014] und [Martin & Li 2014]):

- Unterschiedliche Längen oder zulässige Geschwindigkeiten benachbarter Blockabschnitte

  Im Wesentlichen führen unterschiedliche Blocklängen und Geschwindigkeiten zu unterschiedlichen Belegungszeiten. Ein Zug auf einem kürzeren Blockabschnitt (oder Blockabschnitt mit höherer zulässiger Geschwindigkeit) kann durch einen vorausfahrenden Zug auf einem längeren Blockabschnitt (oder Blockabschnitt mit niedrigerer zulässiger Geschwindigkeit) behindert werden, wenn sich die Sperrzeitentreppen der beiden Züge aufgrund der Zugfolge soweit annähern, dass sie sich überschneiden. Im Beispiel in Abbildung 5-13 liegt die Ursache der Behinderung von Z_2 auf $FK_{(s2,s3)}$ (Blockabschnitt $s2$ →$s3$) am längeren nachfolgenden Blockabschnitt $s3$ →$s4$ ($FK_{(s3,s4)}$).

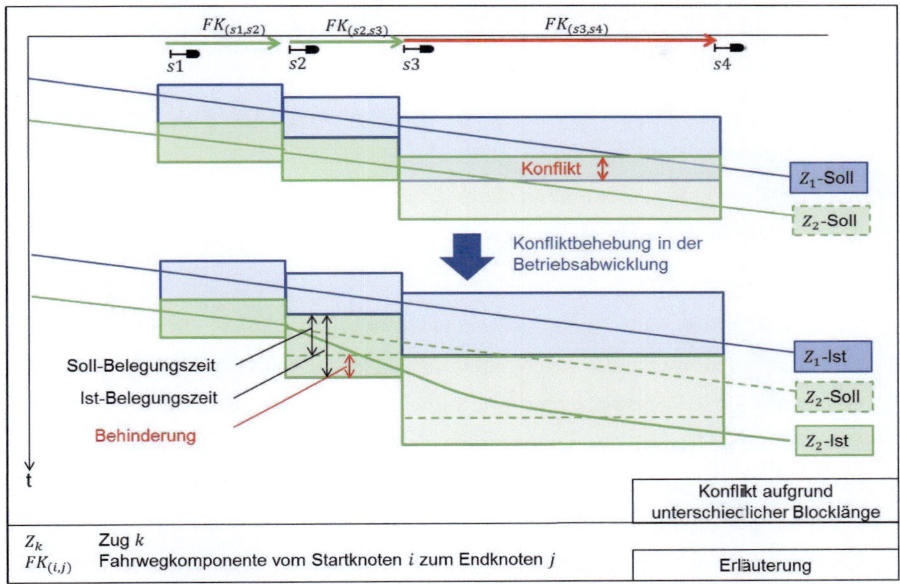

Abbildung 5-13: Behinderung aufgrund unterschiedlicher Blocklängen (Quelle:[Martin & Li 2014])

- Ein- bzw. Ausfahrblocklänge und Weichengeschwindigkeit

  Lange Blockabschnitte und niedrige zulässige Weichengeschwindigkeiten können oftmals Behinderungen vor Ein- und Ausfahrten verursachen.

- Teilfahrstraßenauflösung

  Bei fehlender Teilfahrstraßenauflösung wird eine Kreuzung/Ausfädelung durch einen Zug länger belegt, wodurch andere Züge behindert werden können.

- Anzahl der Gleise

  Eine nicht ausreichende Gleiszahl kann zu Behinderungen bei der Einfahrt in Bahnhöfe oder Knoten führen.

- Anzahl der Streckengleise

Eine nicht ausreichende Anzahl der Streckengleise beschränkt die Anzahl der nutzbaren Fahrwege von einer Startstation zu einer Endstation. Kann die Belastung nicht auf mehreren Streckengleisen verteilt werden, können hier Engpässe entstehen.

5.4.2 Einflussfaktoren aus der Betriebsplanung

Einflüsse im Betriebsprogramm auf die Belegung

Für eine bestimmte Infrastruktur hängt die Belegungszeit eines Belegungselements vom vorgegebenen Betriebsprogramm ab. Die Belegungszeit auf einem Belegungselement durch eine Zugtrasse kann durch folgende betriebsbezogene Einflussfaktoren beeinflusst werden (s.a. [Li & Martin 2014] und [Martin & Li 2014]):

- Zugeigenschaften
  Zugeigenschaften sind Bestandteil eines Betriebsprogramms. Da die Fahrzeuge eine wichtige Komponente des Verkehrssystems darstellen, beeinflussen ihre Eigenschaften die Betriebsführung und auch das Leistungsverhalten des Untersuchungsraums. Neben der im Abschnitt 5.4.1 erwähnten Infrastrukturgestaltung hängt die Belegungszeit eines Belegungselements durch einen Zug auch von dessen Eigenschaften ab. So ist z. B. die technische höchste Geschwindigkeit ein Parameter zur Berechnung der Fahrzeit. Die entscheidenden Eigenschaften wie das Bremsvermögen, der Antrieb, Zuglänge usw. haben Einfluss auf Anfahr- und Bremszeit sowie auf die Belegungszeit. Ein langer Zug verursacht eine längere Räumfahrzeit und somit steigt die Belegungszeit.
- Planmäßige Haltezeit auf einem Belegungselement
  Als Bestandteil der Belegungszeit hat die planmäßige Haltezeit nicht nur Einfluss auf die Belegungszeit eines Belegungselements, sondern ein Halt verursacht auch noch eine längere Belegungszeit des nachfolgenden Belegungselements aufgrund der Anfahrphase.

Einflüsse im Betriebsprogramm auf die Behinderung

Neben infrastrukturbezogenen Behinderungen können Behinderungen aufgrund von Konflikten bei der Fahrplankonstruktion auftreten, die ohne große Veränderungen in der Infrastruktur durch Anpassung des Betriebsprogramms verringert werden können. In Abhängigkeit von der Wirkung der folgenden Einflussfaktoren können sich die Behinderungen auf derselben Infrastruktur unterschiedlich verhalten (s.a. [Li & Martin 2014] und [Martin & Li 2014]):

- Struktur des Betriebsprogramms
  Aufgrund unterschiedlicher Belegungszeiten verschiedener Zuggattungen erhöht ein inhomogenes Betriebsprogramm die Mindestzugfolgezeit, sodass die Leistungsfähigkeit des Untersuchungsraums sinkt und demzufolge Behinderungen zwischen Zügen schon bei niedrigen Belastungen auftreten. In [Dingler et al. 2009] wird der Einfluss der Homogenität auf eingleisigen Strecken näher betrachtet.

- Zugeigenschaften
  Die Verlängerung der Belegungszeit durch Bremsen bei Behinderungen und Beschleunigen oder Anfahren nach der Behebung von Behinderungen sind von den Zugeigenschaften abhängig und behinderungsrelevant (z.B. brauchen schwere Güterzüge i.d.R. mehr Zeit zum Bremsen und Beschleunigen als Reisezüge).

- Anzahl der Folgefahrten auf denselben Belegungselementen
  Je mehr Zugfahrten auf einem Belegungselement durchgeführt werden, desto höher ist die Wahrscheinlichkeit einer gegenseitigen Behinderung dieser Zugfahrten.

- Anzahl der Gegenfahrten und Einfädelungen
  Fahrstraßenausschlüsse und Gegenfahrten auf Gleisen, die im Zweirichtungsbetrieb befahren werden, können Ursachen von Engpässen sein.

- Möglichkeit zur Nutzung alternativer Fahrwege
  Bei hoch belasteten Engpässen, wird geprüft, ob alternative Fahrwege vorhanden und nutzbar sind, um so die Wirkung der Engpässe zu verringern.

5.5 Maßnahmen zur Beseitigung der Engpässe

Bezugnehmend auf die in Abschnitt 5.4 erläuterten Einflussfaktoren werden betriebliche und infrastrukturelle Ursachen den entsprechenden Vorschlägen für geeignete Maßnahmen, wie in Tabelle 5-1 dargestellt, zugeordnet ([Martin & Li 2014] [Li & Martin 2014]).

Lage	Ursachen im Betriebsprogramm und in der Infrastruktur	Vorschläge für geeignete Maßnahmen
Blockabschnitt auf freier Strecke	Lange planmäßige Haltezeit auf dem Blockabschnitt	Reduzierung der planmäßigen Haltezeit, falls es möglich ist
	Sehr hohe Belastung	Ausweichen der Zugfahrten auf alternative Fahrwege, wenn möglich
	Blockabschnitt deutlich länger als benachbarte Blockabschnitte	Verkürzung des Blockabstands durch Einfügen von Zwischensignalen
	Örtliche zulässige Geschwindigkeit der Strecken	Prüfung der Möglichkeiten zur Erhöhung der Geschwindigkeit
Eingleisige Strecke	Langer Blockabstand	Verkürzung des Blockabstands durch Einfügen von Zwischensignalen
	Ungünstiges Betriebsprogramm	Anpassung des Betriebsprogramms, Änderung der Zugfolge oder Bündelung
Einfädelung	Hohe Belastung (Zugzahl) auf den einfädelnden Fahrwegen	Reduzierung der Belastung durch Ausweichen der Zugfahrten auf alternative Fahrwege
	Lange planmäßige Haltezeit auf dem nachfolgenden Blockabschnitt, sodass der Zug nicht einfahren kann	Reduzierung der planmäßigen Haltezeit auf dem nachfolgenden Blockabschnitt
	Lange Belegungszeit aufgrund der Länge der einfädelnden Fahrstraßen	Verkürzung der Länge der Fahrstraßen durch Verschieben der Signale
	Niedrige zulässige Geschwindigkeit der Weichen	Prüfung des Ausbaupotenzials
	Die aus dem Engpass führenden Fahrstraßen sind deutlich länger	Verkürzung des Blockabstands durch Einfügen von Zwischensignalen
Kreuzung / Ausfädelung	Hohe Belastung (Zugzahl) auf den kreuzenden Fahrstraßen	Reduzierung der Belastung durch Ausweichen der Zugfahrten auf alternative Fahrwege wenn möglich
	Lange Belegungszeit aufgrund der Länge der kreuzenden Fahrstraßen	Verkürzung der Länge der Fahrstraßen durch Verschieben der Signale oder Einbau der zusätzlichen Teilfahrstraßenauflösungen
	Niedrige zulässige Geschwindigkeit im Weichenbereich	Prüfung des Ausbaupotenzials und Reduzierung der Belastung auf den Weichen
	Fehlende Teilfahrstraßenauflösung	Einbau der Teilfahrstraßenauflösungen

Tabelle 5-1: Vorschläge für Maßnahmen in Abhängigkeit der Ursachen (Quelle: eigene Darstellung in [Martin & Li 2014])

In der Praxis wird meistens nicht nur eine Maßnahme, sondern eine optimierte Kombination von mehreren Maßnahmen nach vorgegebenen Rahmenbedingungen (z.B. Kosten-Nutzen-Verhältnis, technische und geografische Umsetzbarkeit, Verkehrsbedarf, Anforderungen der Kunden) ergriffen. Nach der Überprüfung von Rahmenbedingungen werden eine oder mehrere Varianten (Kombination von Maßnahmen) ausgewählt und für die dementsprechend angepassten Infrastrukturen und/oder Betriebsprogramme Leistungsuntersuchungen durchgeführt, um so zu prüfen, ob die Engpässe mit den umgesetzten Maßnahmen beseitigt werden und dadurch das Leistungsverhalten verbessert wird. Dieser Prozess ist oftmals ein iterativer Prozess, sodass bei ausbleibender Erfüllung der Zielstellung alternative Maßnahmen ausgewählt und die Leistungsuntersuchung erneut durchgeführt wird. Der Bewertungsprozess wird in [Martin & Li 2014] beschrieben und dessen Ablauf auch in Anhang II dargestellt.

5.6 Schlussfolgerung

Die „Behinderungszeit" (eines Zugs auf einem Belegungselement) im Sinne der Leistungsuntersuchung gibt an, wie lange ein Zug durch andere Züge behindert wird, wobei nur der direkt behindernde Zug unmittelbar zu erkennen ist. Die neue Kenngröße „Belegungselementverursachte Behinderungszeit" (BBH) gibt dagegen die Summe der Behinderungszeiten von Zügen an, die über den Zeitraum hinweg durch Züge auf diesem Belegungselement behindert werden, wodurch Ursachen für die Behinderung direkt aufgezeigt werden können. Mit dem in Abschnitt 5.3 beschriebenen Suchalgorithmus wird eine vor dem Engpass auftretende Behinderung den betroffenen Belegungselementen (Fahrwegkomponenten) zugewiesen, welche die Behinderung verursachen. Eine Behinderung kann durch ein oder mehrere Belegungselemente hervorgerufen werden, weshalb entlang der Fahrwege die Behinderungszeit mehreren betroffenen Belegungselementen zugeordnet wird und somit die Frage *„Auf welchen Belegungselementen befinden sich die Ursachen?"* beantwortet wird. Werden alle auftretenden Behinderungen, die durch einen Engpass entstehen, nach diesem Algorithmus neu zugeordnet, kann die Frage *„Welche Belegungselemente behindern die meisten Züge für eine lange Zeit an einem Engpass?"* beantwortet werden.

Nach der iterativen Suche werden folgende Ergebnisse zusammengefasst und dargestellt, die zur Bearbeitung verschiedener Aufgabenstellungen genutzt werden können:

- **Lokalisierung der behindernden Belegungselemente für einen Engpass einer Verdichtungsstufe**

Für einen Engpass wird angegeben, welche Fahrwegkomponenten und Basisstrukturen wie viele Züge wie lange behindern.

- **Bestimmung der Einflussweite von Ursachen**
  Nach der Zuordnung kann durch die Ergebnisse aufgezeigt werden, auf wie viele Engpässe eine Ursache Einfluss hat. Je größer die Einflussweite einer Ursache ist, desto höher ist die Priorität dieser Ursache, um geeignete Maßnahmen zur Reduzierung der Wirkungen auszuwählen.
- **Bestimmung von abhängigen Engpässen, die zusammen behandelt werden sollen**
  Werden mehrere Engpässe durch dieselben Ursachen wirksam, sind sie voneinander abhängig. So können mehrere Engpässe durch die Umsetzung einer Maßnahme (oder einer Kombination mehrerer Maßnahmen) gleichzeitig beeinflusst werden.
- **Empfehlung für die Behandlungspriorität**
  Anhand der ermittelten Einflussweite und der Abhängigkeiten zwischen den Engpässen sowie der Ursachen des maßgebenden Engpasses wird vorgeschlagen, die Engpässe nach folgender Priorität zu behandeln:
  - Ursachen des maßgebenden Engpass werden zuerst behandelt, da dieser die Durchsatzbezogene Leistungsfähigkeit des ganzen Untersuchungsraums einschränkt.
  - Um ein wirtschaftlich verbessertes Nutzen-Kosten-Verhältnis der betrachteten Infrastruktur unter Berücksichtigung des Betriebsprogramms zu erreichen, sind im zweiten Schritt die Ursachen zu beseitigen bzw. zu vermindern, bei denen der Quotient Erhöhung der Leistungsfähigkeit (repräsentiert durch die Obergrenze des Optimalen Leistungsbereichs) geteilt durch den Aufwand der dafür notwendigen Maßnahmen am größten ist.
  - Anschließend sind Ursachen, die bereits bei einer niedrigen Verdichtungsstufe Engpasssignifikanzen verursachen, zu behandeln.
  - Generell gilt, dass im Allgemeinen aufwendige baulichen Maßnahmen (Infrastrukturausbauten usw.) erst dann in Angriff genommen werden sollten, wenn sich die Engpässe nicht durch betriebliche und/oder fahrzeugbezogene Maßnahmen beseitigen lassen.

Je nach Aufgabenstellung wird die Priorität zur Behandlung von Engpässen auch anwendungsspezifisch vordefiniert. Bei der Engpassanalyse in der vorliegenden Arbeit dienen die betrieblichen Auswirkungen der Engpässe als entscheidende Rahmenbedingung für die Bewertung. Da bei öffentlich finanzierter Infrastruktur die zur Verfügung stehenden Mittel für eine Umsetzung sämtlicher Maßnahmen oftmals nicht ausreichen, spielt darüber hinaus das Nutzen-Kosten-Verhältnis für die Entscheidung im Hinblick auf eine Priorisierung der zu realisierenden Maßnahmen eine wichtige Rolle.

6 Ablauf der rechnerunterstützten Engpassanalyse mit der simulativen Methode

Aufbauend auf den Ansätzen zur mikroskopischen Engpassanalyse in der vorliegenden Arbeit wird nachfolgend das Bewertungsverfahren zur Engpassanalyse in Kombination mit der makroskopischen Bewertung in Simulationsverfahren abgeleitet, das in der rechnerunterstützten Bewertungssoftware PULEIV [Martin et al. 2011] mithilfe von Simulationswerkzeugen (z.B. RailSys [RMCon 2010]) beispielhaft umgesetzt wird. In diesem Kapitel wird der komplette Ablauf der rechnerunterstützten mikroskopischen Engpassanalyse mit der simulativen Methode in den wesentlichen Schritten beschrieben.

Eine komplette ursachen- und maßnahmenbezogene Engpassanalyse ist ein iterativer Bewertungsprozess, bei dem Leistungsuntersuchungen für Bewertungsvarianten mit umgesetzten ausgewählten Maßnahmen iterativ durchgeführt werden, um so die Konsequenzen dieser Maßnahmen zu überprüfen. Der Ablauf der mikroskopischen Engpassanalyse im Rahmen von eisenbahnbetriebswissenschaftlichen Leistungsuntersuchungen mit Simulationsverfahren wird in diesem Kapitel schematisch dargestellt. Eine komplette Engpassanalyse erfolgt durch folgende Schritte:

Schritt 1: Aufbereitung von Untersuchungsvarianten

Zur Aufbereitung einer Untersuchungsvariante werden zunächst die Infrastrukturdaten (Untersuchungsraum) in das verwendete Simulationswerkzeug eingegeben. Zur Erstellung des Betriebsprogramms wird ein zu der betroffenen Infrastruktur passender Basisfahrplan im Simulationswerkzeug angelegt und in PULEIV importiert. Anschließend wird die Struktur des Betriebsprogramms festgelegt, indem die pro Zeitintervall gewünschte Anzahl der Züge jeder Zuglaufgruppe in PULEIV angegeben wird.

Schritt 2: Fahrplanverdichtung und Simulation

Basierend auf dem festgelegten Betriebsprogramm werden Fahrpläne mehrerer Verdichtungsstufen (Fahrplanverdichtungen) unter stochastischen Bedingungen in PULEIV erzeugt. Die erzeugten Fahrpläne werden mithilfe des Simulationswerkzeugs simuliert und dabei die notwendigen Informationen der Betriebsabwicklung protokolliert.

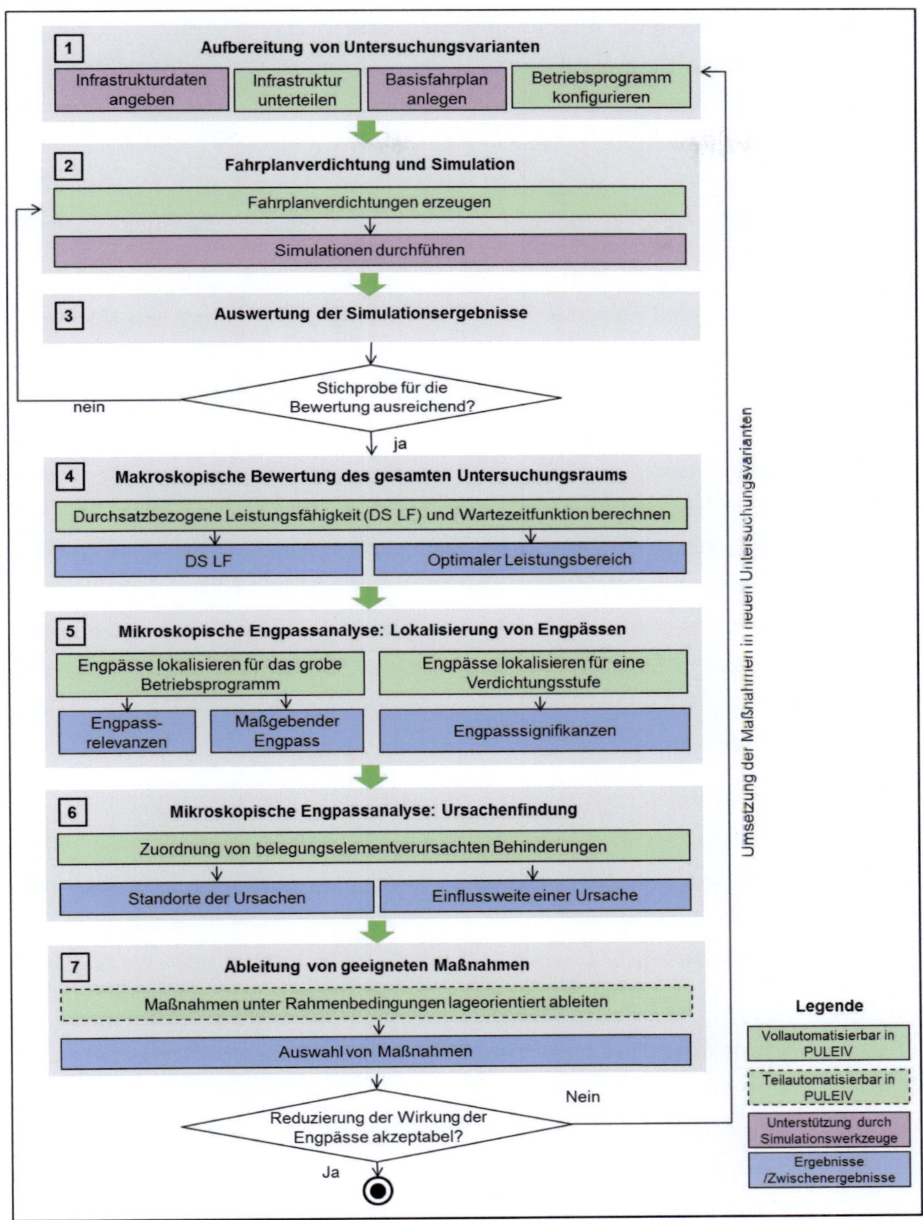

Abbildung 6-1: Ablauf der Engpassanalyse mit Simulationsverfahren

Schritt 3: Auswertung der Simulationsergebnisse

Mit PULEIV werden die Simulationsprotokolle ausgewertet und die zu bewertenden Kenngrößen berechnet. Da das Simulationsverfahren ein experimentelles Verfahren ist, müssen zur Gewinnung belastbarer Aussagen hinreichend große Stichproben gewährleistet werden. Es wird geprüft, ob genügend Fahrpläne in ausreichenden Verdichtungsstufen simuliert wurden. Hierfür müssen folgende Bedingungen erfüllt werden:

- Es muss genügend Fahrpläne hoher Verdichtungsstufen geben, um die Durchsatzbezogene Leistungsfähigkeit (DS LF) und die NEB-Zuwachsrate ermitteln zu können. Nachdem die DS LF ermittelt wurde, sollen die Verdichtungsstufen mindestens bis zu 130% der DS LF weiter simuliert werden.
- Zur Ermittlung von mutmaßlich maßgebenden Engpässen sollen die Fahrplanverdichtungen ab der Obergrenze des Optimalen Leistungsbereichs in kleinerer Schrittweite generiert werden, damit die Abstände zwischen den Datenpunkten nicht zu groß sind. Die Empfehlung für die Schrittweite ist ca. 5%.
- Da die Fahrpläne stochastisch generiert werden, sollen in jeder zu bewertenden Verdichtungsstufe mehrere Fahrpläne simuliert werden, um einen belastbaren Mittelwert der Kenngrößen bestimmen zu können. Erfahrungsgemäß sind für jede Verdichtungsstufe mindestens fünf Fahrpläne zu empfehlen.

Schritt 4: Makroskopische Bewertung des gesamten Untersuchungsraums

Sind die oben genannten Bedingungen erfüllt, wird in PULEIV zunächst eine makroskopische Bewertung für das Leistungsverhalten des gesamten Untersuchungsraums durchgeführt. Dabei werden die Durchsatzbezogene Leistungsfähigkeit und die Wartezeitfunktion ermittelt, aus denen der Optimale Leistungsbereich abgeleitet wird.

Schritt 5: Mikroskopische Engpassanalyse - Lokalisierung von Engpässen

Basierend auf den Ergebnissen aus der makroskopischen Bewertung wird die mikroskopische Engpassanalyse durchgeführt. Dabei werden Engpassrelevanzen für ein grobes Betriebsprogramm (Ansatz in Abschnitt 4.3.4) und Engpasssignifikanzen für eine konkrete Verdichtungsstufe/Belastung (Ansatz in Abschnitt 4.3.5) lokalisiert.

Darüber hinaus wird der maßgebende Engpass[13] im Untersuchungsraum unter Beibehaltung der Struktur des Betriebsprogramms anhand des Ansatzes in Abschnitt 4.3.6 bestimmt.

Schritt 6: Mikroskopische Engpassanalyse - Ursachenfindung

Für einen wirksamen Engpass werden die tatsächlichen Ursachen mit dem Suchalgorithmus aus Abschnitt 5.3 belegungselementbezogen lokalisiert. D.h. es wird untersucht, auf welchen Basisstrukturen und Fahrwegkomponenten die Zugfahrten durch diesen Engpass am meisten behindert werden.

Schritt 7: Ableitung von geeigneten Maßnahmen

Mögliche Maßnahmen zur Beseitigung von Engpässen werden zusammengestellt. Die Umsetzbarkeit der Maßnahmen wird nach vorgegebenen Rahmenbedingungen geprüft, und sinnvolle Maßnahmen werden zielorientiert ausgewählt. Nach der Einflussweite und der Einstufung von Engpässen werden die Maßnahmen priorisiert. Um zu prüfen, ob die Engpässe durch die Umsetzung der ausgewählten Maßnahmen beseitigt oder in ihrer Wirkung minimiert werden, sind neue Untersuchungsvarianten mit angepassten Infrastrukturen und/oder Betriebsprogrammen aufzubereiten, für die der komplette Vorgang der Leistungsuntersuchung einschließlich Engpassanalyse erneut durchgeführt wird. Folgende Wirkungen der Maßnahmen werden geprüft:

- Erhöht sich die Durchsatzbezogene Leistungsfähigkeit und verschieben sich die Grenz des Optimalen Leistungsbereichs?
- Reduziert sich bei gleicher Verdichtungsstufe die Anzahl der Engpässe mit hoher Signifikanz?
- Werden die behandelten Engpässe erst bei einer höheren Verdichtungsstufe wirksam?

Falls die Wirkungen nicht zielführend sind, wird die Leistungsuntersuchung für weitere Untersuchungsvarianten erneut durchgeführt. Durch den iterativen Bewertungsprozess werden optimierte Maßnahmen erkennbar.

---

[13] Nach dem Ansatz in Abschnitt 4.3.6 können auch mehrere mutmaßliche Engpässe als maßgebend bestimmt werden.

7 Schlussfolgerung und Ausblick

In diesem Kapitel werden die wesentlichen Ergebnisse des in der vorliegenden Arbeit entwickelten Verfahrens zusammengefasst. Darüber hinaus werden offene Fragen gestellt, für die ein Handlungs- und Weiterentwicklungsbedarf besteht.

7.1 Offene Fragen und Ausblick

In der vorliegenden Arbeit wird die simulative Methode eingesetzt, deren Vorteil für sehr komplexe Gleisstrukturen wie Eisenbahnknoten in realitätsnahen Berechnungsergebnissen zum Tragen kommt. Allerdings spielen bei simulativen Methoden nicht nur die theoretischen Ansätze eine wichtige Rolle. Aussagekräftige Ergebnisse erfordern auch eine ausreichende Zahl an Stichproben (Simulationen). Insbesondere hervorzuheben ist, dass bei diesem Verfahren alle Fahrpläne unter stochastischen Bedingungen generiert werden, um differierende Zugfolgefälle und daraus entstehende Behinderungen zu berücksichtigen. Aus diesem Grund können die Belegung und die Behinderung auf einem Belegungselement bei verschiedenen Fahrplänen mitunter sehr stark schwanken. Wenn die lineare Interpolation zur Ableitung der NEB-Zuwachsrate nur für wenige weiter streuende Datenpunkte berechnet wird, können im ungünstigsten Fall willkürliche Ergebnisse ausgegeben werden. Um dies zu vermeiden, müssen ausreichende Fahrplanverdichtungen in kleinen Verdichtungsschritten erzeugt und simuliert werden, woraus ein großer Arbeitsaufwand bei der Untersuchung hervorgerufen werden kann. Dieser Aufwand kann erst minimiert werden, wenn im eingesetzten Simulationswerkzeug eine Funktionalität für eine automatische Batchsimulation realisiert wird oder idealerweise die Simulation und die Bewertung in einem Werkzeug integriert werden können.

Nach den beschriebenen Theorien und Simulationsergebnissen soll der Anstieg der Nicht erfüllbaren Belegungswünsche einer Basisstruktur eine ähnliche Tendenz wie die Wartezeitfunktion des gesamten Untersuchungsraums besitzen. Die interessante Frage, ob eine der Wartezeitfunktion ähnlichen Kurve für die Nicht erfüllbaren Belegungswünsche interpoliert werden kann und ob eine solche Kurve beim maßgebenden Engpass am nächsten an der Wartezeitfunktion des gesamten Untersuchungsraums liegt, bleibt offen.

Bei der Weiterentwicklung der Systematik zum Finden von Maßnahmen ist es sinnvoll, wenn eine automatisierte Suche alternativer Fahrwege integriert wird.

Bei der Untersuchung in dieser Arbeit werden die Wirkungen von Dispositionsmaßnahmen bei Konfliktfällen noch nicht berücksichtigt. Die Gründe liegen einerseits bei der Disposition, bei der Züge auch auf alternative Fahrwege umgeleitet werden, wodurch die Behinderungszeit einer Fahrwegkomponente aus den Ist- und Soll-Belegungszeiten von unterschiedlichen Fahrwegkomponenten nicht zu ermitteln ist und anderseits darin, dass mit alternativen Fahrwegen die Struktur des zu untersuchenden Betriebsprogramms geändert wird, sodass die Rahmenbedingung des Verfahrens nicht gewährleistet wird. Allerdings ist es interessant, wie die Disposition das Leistungsverhalten im Untersuchungsraum und die Wirksamkeit von Engpässen beeinflussen kann. Diese Frage wird in einem anderen von der DFG geförderten Forschungsprojekt (EDELS) im Institut für Eisenbahn- und Verkehrswesen (siehe [Martin & Liang 2014]) bereits näher untersucht.

7.2 Wesentliche Ergebnisse der Arbeit

Bei bisherigen Bewertungsverfahren im Rahmen von Leistungsuntersuchungen werden Strecken und Eisenbahnknoten meistens getrennt betrachtet. Mit dem Verfahren in der vorliegenden Arbeit können Engpässe in einem beliebigen Untersuchungsraum unabhängig von seiner Struktur und Komplexität ursachenbezogen präzise identifiziert werden, sodass eine allgemeingültige Bewertung möglich ist. Die vorhandenen Methoden zur Leistungsuntersuchung werden somit ergänzt. Die wesentlichen Ergebnisse des Verfahrens zur mikroskopischen Engpassanalyse sind im Einzelnen:

- Das Verfahren in der vorliegenden Arbeit vervollständigt die Methodik der Leistungsuntersuchungen mit mikroskopischer Bewertung. Dabei kann ein Untersuchungsraum sowohl aus makroskopischer als auch aus mikroskopischer Sicht bewertet werden. Der neue Beitrag besteht darin, dass bei der Leistungsuntersuchung nicht nur eine Aussage über die Kapazität und das Leistungsverhalten des gesamten Untersuchungsraums getroffen wird, sondern auch Engpässe ursachenbezogen identifiziert und darüber hinaus Lösungsvorschläge unterbreitet werden können.
- Anhand des Zwei-Ebenen-Modells werden Engpässe gezielt in Form von einzelnen Basisstrukturen (z.B. Blockabschnitte) oder Kombination von benachbarten

Basisstrukturen (z.B. Abschnitte von Weichenbereichen) detailliert identifiziert. Die so innerhalb des Eisenbahnknotens erkannten Engpässe können die Probleme in einer komplexen Gleisstruktur ortsgenau aufzeigen.

- Die Engpassrelevanzen weisen das Potenzial der Engpässe bei einem Betriebsprogramm auf, welche bei steigenden Belastungen wirksam werden können. Der Ansatz zur Lokalisierung von Engpassrelevanzen in dieser Arbeit ist die Weiterentwicklung der Forschungsergebnisse des DFG-Projekts [Martin & Li 2014] und ermöglicht, dass nicht nur die Fahrpläne im Optimalen Leistungsbereich sondern alle Fahrpläne in verschiedenen Belastungsbereichen bewertet werden können, indem die Zunahme der Nicht erfüllbaren Belegungswünsche der lokalen Infrastrukturabschnitte im Zusammenhang mit dem globalen Leistungsverhalten beobachtet wird.
- Ein weiterer Fortschritt bei der Lokalisierung von Engpässen ist die Aussage über den maßgebenden Engpass, die einen wichtigen Hinweis bietet, durch welche Engpassstellen die Kapazität des gesamten Untersuchungsraums (nämlich die Durchsatzbezogene Leistungsfähigkeit) generell beschränkt wird. Die Kapazität des Untersuchungsraums wird erhöht, wenn geeignete Maßnahmen bezogen auf den maßgebenden Engpass ergriffen werden. Darüber hinaus werden Reserven in der Infrastruktur ermittelt, die für die Kapazitätssteigerung genutzt werden können.
- Mit dem Ansatz in dieser Arbeit können Engpasssignifikanzen bei einer konkreten Belastung ermittelt werden, auch wenn deren Relevanzen in einem groben Betriebsprogramm noch nicht erkennbar ist. Für jeden signifikanten Engpass werden die Belegungselemente gefunden, die die Behinderungen ursprünglich auslösen und an diesen wirksamen Engpass übertragen. Mit dem Ansatz zur Ursachenfindung werden dabei auch die Ursachen identifiziert, die sich nicht unmittelbar am Engpass befinden. Dafür wird das Zusammenwirken von benachbarten Infrastrukturabschnitten und Zugfahrten berücksichtigt.
- Aus den Ergebnissen der Zuordnung von Ursachen kann die Einflussweite einer Ursache ausgewiesen werden, auch wenn mehrere Engpässe von einer Ursache betroffen sind. Dementsprechend können Maßnahmen für eine Ursache gleichzeitig mehrere Engpässe beeinflussen.

- Nach der infrastrukturellen Lage der erkannten Ursachen können realistische Maßnahmen in der Infrastrukturgestaltung und dem Betriebsprogramm vorgeschlagen werden, deren Wirkungen durch iterative Leistungsuntersuchungen geprüft werden.

Die in dieser Arbeit beschriebenen simulationsbasierten Ansätze wurden in der Bewertungssoftware PULEIV [Martin et al. 2011] implementiert. Die wesentlichen Ergebnisse werden mit Fallbeispielen in Anhang I veranschaulicht.

Anhang I: Fallbeispiele

In diesem Anhang werden die in der Arbeit entwickelten Verfahren zur mikroskopischen Engpassanalyse in fünf Fallbeispielen angewendet und demonstriert. Die neuen Ansätze wurden in der Bewertungssoftware PULEIV implementiert und mithilfe des Simulationswerkzeugs RailSys (Version 7.6.12) wurden in PULEIV die Leistungsuntersuchungen mit der mikroskopischen Engpassanalyse für die Fallbeispiele durchgeführt.

Für diese Anwendungen wurden zunächst die Untersuchungsvarianten (Infrastruktur + Basisfahrplan) in RailSys abgebildet. Dann wurde für jedes Fallbeispiel das Betriebsprogramm mithilfe der Bewertungssoftware PULEIV konfiguriert und unter Beibehaltung der Struktur des Betriebsprogramms wurden hinreichende Fahrpläne unterschiedlicher Verdichtungsstufen generiert, die anschließend in RailSys simuliert wurden. Mit PULEIV wurden Engpässe mit den Ansätzen in der vorliegenden Arbeit bewertet. Die Untersuchungsvarianten und die Ergebnisse der Fallbeispiele werden im Folgenden dargestellt.

Um die Ursachen der lokalisierten Engpässe zu bestimmen, wurde die Ursachenfindung bei jedem Beispiel für eine Verdichtungsstufe unter der Durchsatzbezogenen Leistungsfähigkeit (DS LF) durchgeführt, bei der alle Engpassrelevanzen signifikant und die Anzahl der Engpässe am höchsten sind.

Beispiel 1 – Eine Zuglaufgruppe auf einer Strecke

Untersuchungsvariante und makroskopische Bewertung

Im diesem Beispiel fahren Regionalzüge aus einer Zuglaufgruppe auf der Strecke von Station Ahorn zur Station Lindburg. Die Belastung des Basisfahrplans (Verdichtungsstufe 100%) ist 1 Zug/h, worauf basierend Fahrplanverdichtungen bis zu 2600% (26 Züge/h) erzeugt wurden. Die makroskopische Bewertung wurde in PULEIV durchgeführt und die Ergebnisse sind (s.a. Anhang Abbildung 1):

- Durchsatzbezogene Leistungsfähigkeit: 20,5 Züge/h (Verdichtungsstufe 2050%)
- Optimaler Leistungsbereich: 11,7 – 19,4 Züge/h (Verdichtungsstufe 1170 – 1940%)

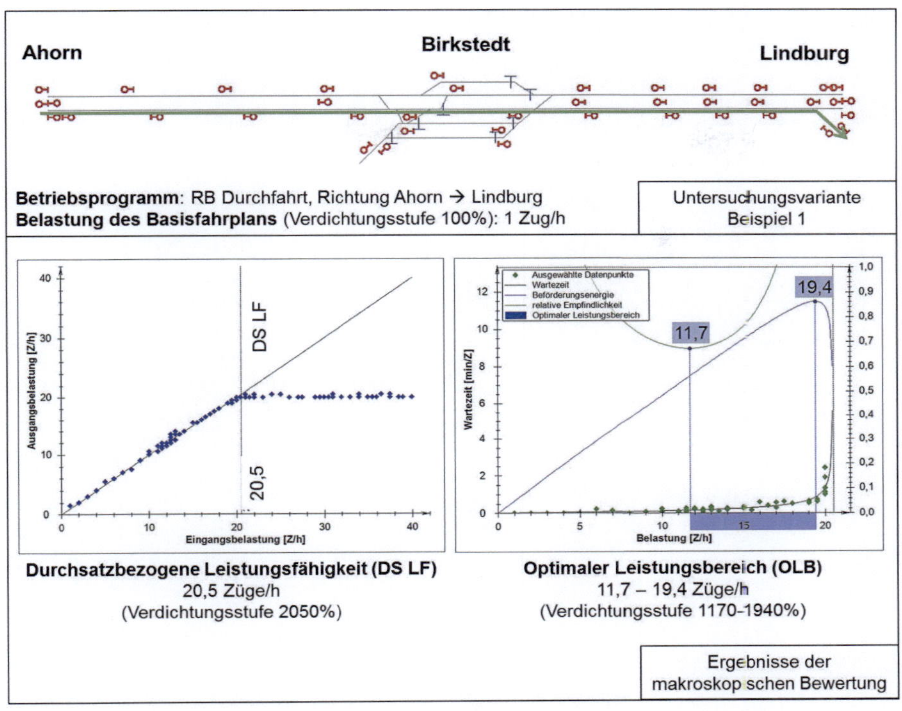

Anhang Abbildung 1: Beispiel 1 – Makroskopische Bewertung der Untersuchungsvariante

Bewertung der Engpassrelevanzen und des maßgebenden Engpasses

Mit dem Ansatz in Abschnitt 4.3.4 werden zwei Basisstrukturen, EPR1 und EPR2, als Engpässe mit hoher Relevanz bewertet, bei denen die NEB-Zuwachsraten (NZR) in Phase 4 ($NZR4$) kleiner als der Grenzwert sind, sodass das erste Kriterium für eine hohe Relevanz erfüllt ist (Fall 1 in Tabelle 4-2).

Davon wird EPR1 als maßgebender Engpass identifiziert. In Anhang Abbildung 2 wird die detaillierte Bewertung von EPR1 veranschaulicht. Aus den approximierten Modellfunktionen jeder Basisstruktur ergeben sich die NEB-Zuwachsraten der jeweiligen Phasen (Phase 2, 3 und 4), $NEBDS$, $NEBOber$ und $NEBUnter$ als Kriterien für die Bewertung. Bei EPR1 sind alle Kriterien erfüllt, sodass er daher sowohl als Engpass von hoher Relevanz als auch als maßgebender Engpass erkannt wird.

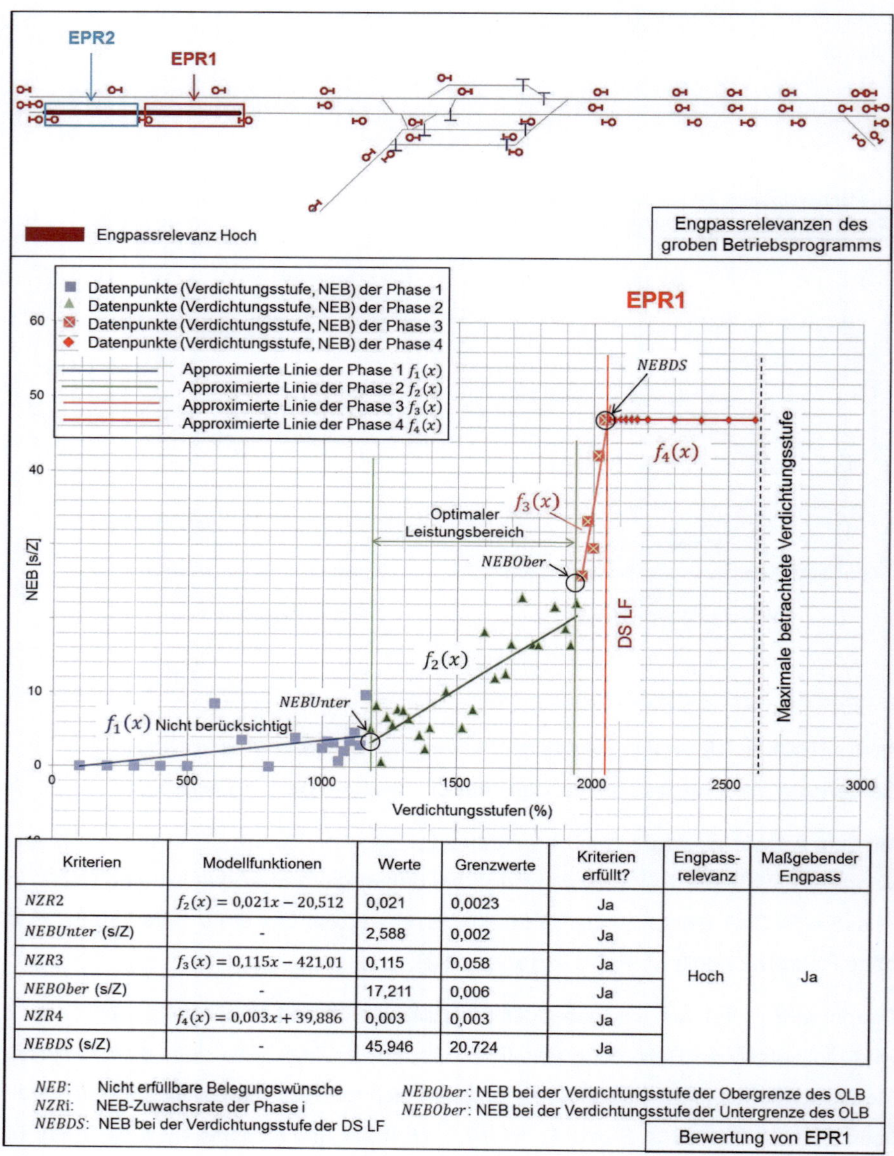

Kriterien	Modellfunktionen	Werte	Grenzwerte	Kriterien erfüllt?	Engpass-relevanz	Maßgebender Engpass
$NZR2$	$f_2(x) = 0{,}021x - 20{,}512$	0,021	0,0023	Ja	Hoch	Ja
$NEBUnter$ (s/Z)	-	2,588	0,002	Ja		
$NZR3$	$f_3(x) = 0{,}115x - 421{,}01$	0,115	0,058	Ja		
$NEBOber$ (s/Z)	-	17,211	0,006	Ja		
$NZR4$	$f_4(x) = 0{,}003x + 39{,}886$	0,003	0,003	Ja		
$NEBDS$ (s/Z)	-	45,946	20,724	Ja		

NEB: Nicht erfüllbare Belegungswünsche
$NZRi$: NEB-Zuwachsrate der Phase i
$NEBDS$: NEB bei der Verdichtungsstufe der DS LF
$NEBOber$: NEB bei der Verdichtungsstufe der Obergrenze des OLB
$NEBOber$: NEB bei der Verdichtungsstufe der Untergrenze des OLB

Bewertung von EPR1

Anhang Abbildung 2: Beispiel 1 - Bewertung einer Basisstruktur mit hoher Engpassrelevanz

In Anhang Abbildung 3 werden die ermittelten Daten der beiden Engpässe EPR1 und EPR2 für die Bewertung von Engpassrelevanzen gegenübergestellt. Bei EPR2 ist zwar $NZR4$ erfüllt, $NEBDS$ liegt aber unter dem Grenzwert und somit ist EPR2 kein maßgebender Engpass. Weil bei EPR2 die Kriterien $NZR3$ und $NEBOber$ erfüllt sind, wird er trotzdem als Engpass hoher Relevanz erkannt (entspricht Fall 2 in Tabelle 4-2).

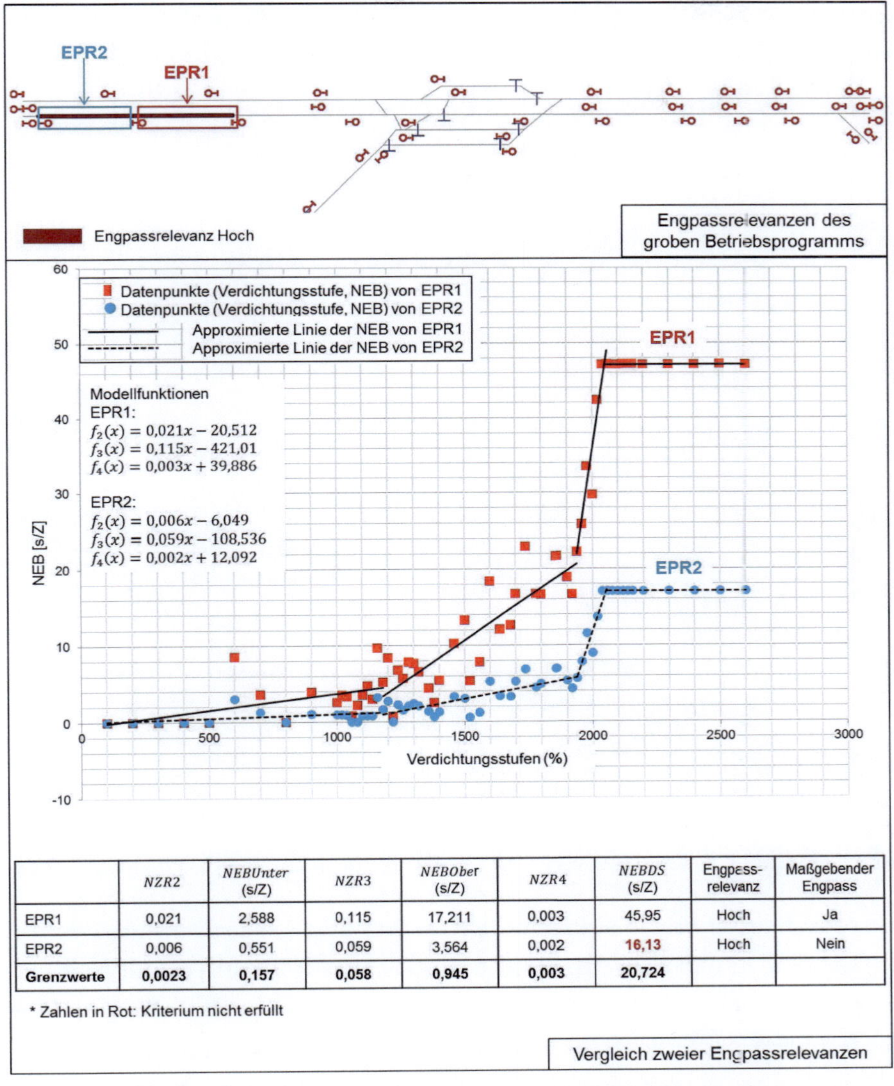

	$NZR2$	$NEBUnter$ (s/Z)	$NZR3$	$NEBOber$ (s/Z)	$NZR4$	$NEBDS$ (s/Z)	Engpass-relevanz	Maßgebender Engpass
EPR1	0,021	2,588	0,115	17,211	0,003	45,95	Hoch	Ja
EPR2	0,006	0,551	0,059	3,564	0,002	16,13	Hoch	Nein
Grenzwerte	**0,0023**	**0,157**	**0,058**	**0,945**	**0,003**	**20,724**		

* Zahlen in Rot: Kriterium nicht erfüllt

Anhang Abbildung 3: Beispiel 1 - Vergleich zweier Basisstrukturen mit hoher Engpassrelevanzen

Bewertung der Engpasssignifikanzen

Zur Bewertung von Engpasssignifikanzen werden die Grenzwerte der NEB aus den NEB aller Basisstrukturen sämtlicher Verdichtungsstufen ermittelt (Ansatz in Abschnitt 4.3.5) (siehe Anhang Abbildung 4). Die Grenzwerte der NEB dieses Beispiels sind:

$G_{NEB_{unten}}$= 0,425 s/Z $G_{NEB_{oben}}$= 1,912 s/Z

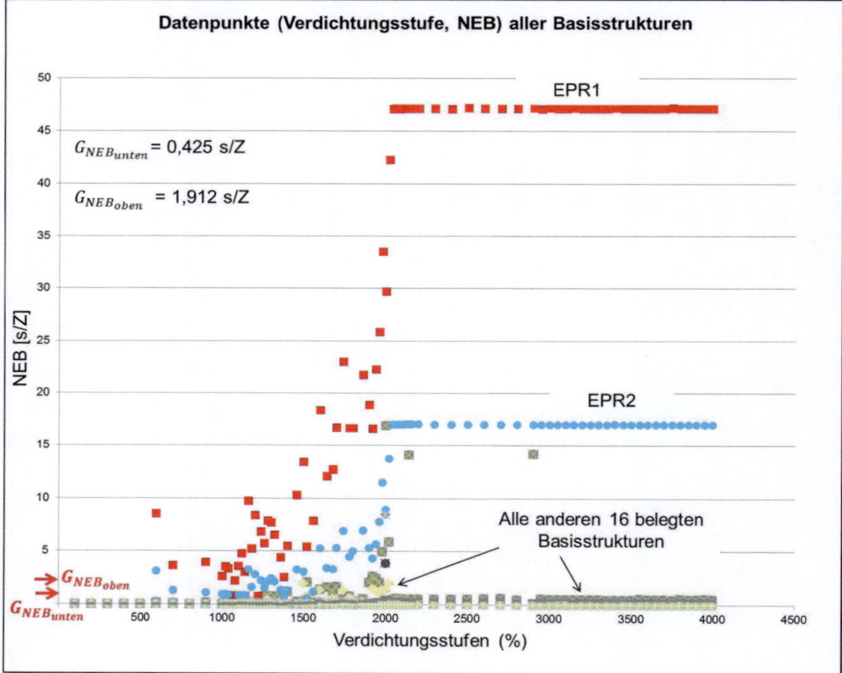

Anhang Abbildung 4: Beispiel 1 – Ermittlung der NEB-Grenzwerte zur Bewertung von Engpasssignifikanzen

In diesem Beispiel werden insgesamt 18 Basisstrukturen von Zugfahrten belegt. Aus den Daten ist zu erkennen, dass außer den beiden Basisstrukturen der Engpassrelevanzen (EPR1 und EPR2) alle anderen 16 Basisstrukturen deutlich geringere NEB bei fast allen Verdichtungsstufen besitzen. Daraus ergeben sich die niedrigen Grenzwerte. Anhand den Grenzwerte werden Engpasssignifikanzen für jede Verdichtungsstufe bewertet. In Anhang Abbildung 5 werden die Engpasssignifikanzen verschiedener Verdichtungsstufen im Vergleich mit den Engpassrelevanzen dargestellt.

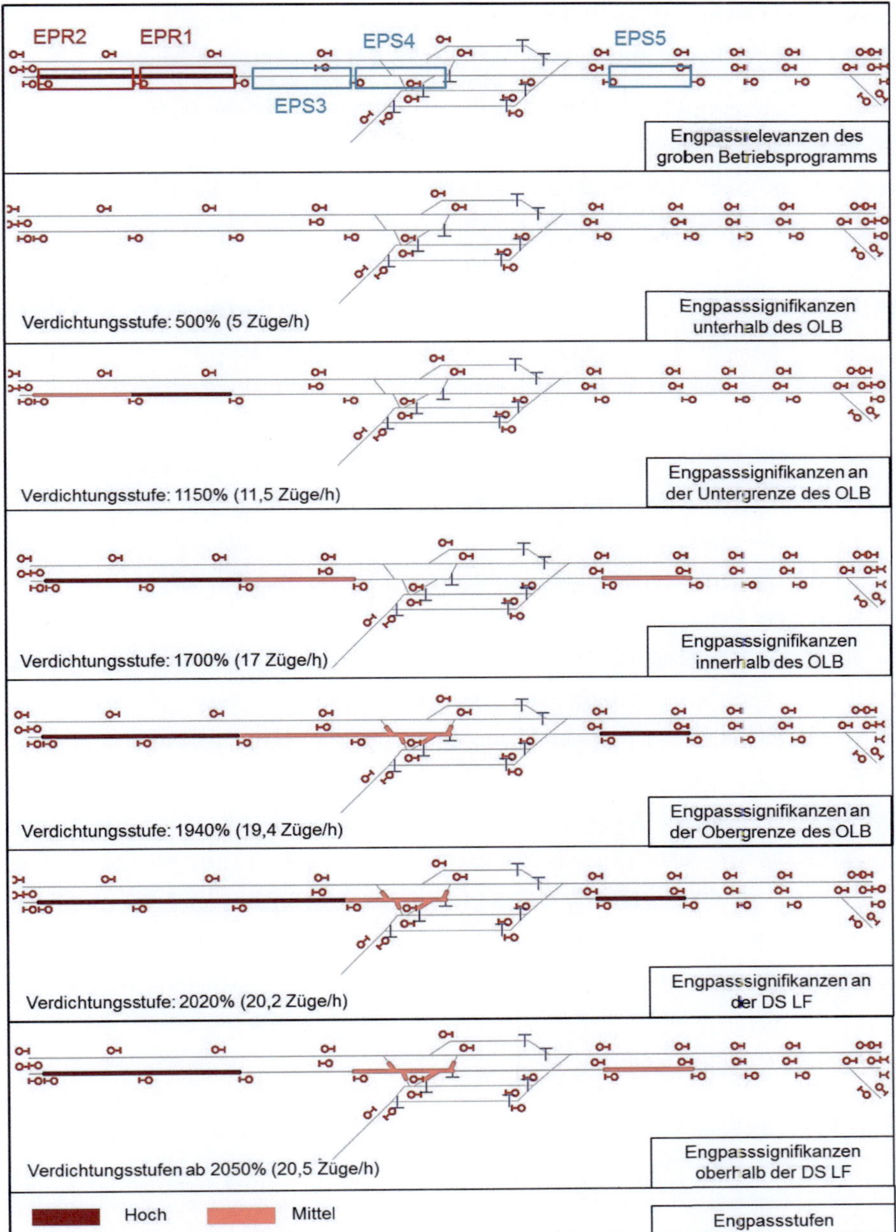

Anhang Abbildung 5: Beispiel 1 – Engpasssignifikanzen verschiedener Verdichtungsstufen

Bei diesem Beispiel ist die Entwicklung der Engpassrelevanzen mit steigenden Verdichtungsstufen hin zu Engpasssignifikanzen folgendermaßen zu erkennen.

- Unterhalb des OLB (Stufe 500%) sind die beiden Engpassrelevanzen EPR1 und EPR2 nicht wirksam.
- Liegt die Verdichtungsstufe an der Untergrenze des OLB (Stufe 1150%) besitzt EPR1 eine hohe Signifikanz als Engpass und EPR2 eine mittlere Signifikanz.
- Liegt die Belastung innerhalb des OLB (Stufe 1700%), bekommen die beiden Engpässe eine hohe Signifikanz. Darüber hinaus treten die Basisstrukturen EPS3 und EPS5, die zunächst keine Engpassrelevanz hatten, zusätzlich als Engpässe mit mittlerer Signifikanz in Erscheinung.
- Steigt die Verdichtungsstufe bis zur Obergrenze des OLB (Stufe 1940%), offenbart sich noch eine weitere Basisstruktur (EPS4) als mittlere Engpasssignifikanz und EPS5 besitzt nun eine hohe Signifikanz.
- Bis zu der Verdichtungsstufe der Durchsatzbezogenen Leistungsfähigkeit (Stufe 2050%) zeigen sich noch weitere Engpässe mit hoher Signifikanz.
- Nimmt die Belastung des Untersuchungsraums nach dem Erreichen der Durchsatzbezogenen Leistungsfähigkeit weiter zu (ab Stufe 2050%), erscheinen keine neuen Engpässen mehr und die zuvor eindeutige Begrenzung der Engpässe verschwimmt bei der Überlastung des Untersuchungsraums zunehmend. Dieses Phänomen stimmt mit der in Abschnitt 4.3.1 diskutierten Warteschlangentheorie hinsichtlich der Durchsatzbezogenen Leistungsfähigkeit überein. Ist die Durchsatzbezogene Leistungsfähigkeit erreicht, wird eine unendliche Länge der Warteschlange bei der engsten Bedienungsstelle (hier: maßgebender Engpass EPR1) gebildet, sodass die ursprüngliche Struktur des Betriebsprogramms bei der weiter steigenden Belastung nicht mehr einzuhalten ist. Demzufolge werden die NEB nicht weiter zunehmen.

Bestimmung der Ursachen der Engpässe

Beispielhaft wird die Ursachenfindung für die Verdichtungsstufe 2020% durchgeführt, weil bei dieser Belastung die meisten Engpässe mit einer hohen Signifikanz wirksam sind. Die Ergebnisse der zugeordneten Belegungselementverursachten Behinderungszeiten sowie die Belegungselemente (Fahrwegkomponenten und Basisstrukturen), auf denen sich die Ursachen befinden, werden in Anhang Abbildung 6 gezeigt.

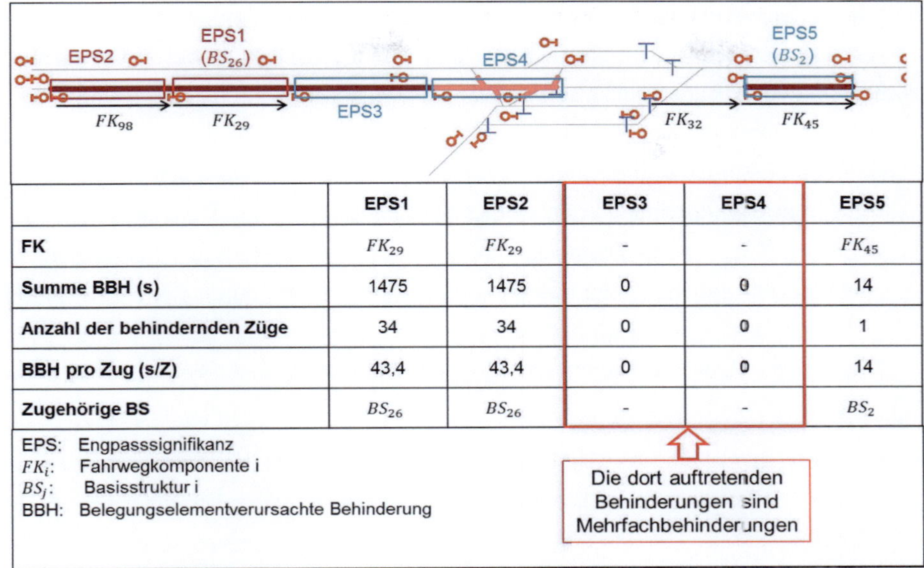

	EPS1	EPS2	EPS3	EPS4	EPS5
FK	FK_{29}	FK_{29}	-	-	FK_{45}
Summe BBH (s)	1475	1475	0	0	14
Anzahl der behindernden Züge	34	34	0	0	1
BBH pro Zug (s/Z)	43,4	43,4	0	0	14
Zugehörige BS	BS_{26}	BS_{26}	-	-	BS_2

EPS: Engpasssignifikanz
FK_i: Fahrwegkomponente i
BS_j: Basisstruktur i
BBH: Belegungselementverursachte Behinderung

Anhang Abbildung 6: Beispiel 1 - Zuordnung der Belegungselementverursachten Behinderungszeit für die Ursachenfindung

Anhand der Ergebnisse werden das Betriebsprogramm und die Infrastruktur geprüft und die Ursachen der Engpässe wie folgt bestimmt:

- EPS1 und EPS2 haben die gleichen Ursachen. Die Behinderungen an EPS 1 und EPS2 werden von der Fahrwegkomponente FK_{29}verursacht. Diese Fahrwegkomponente hat eine Summe der BBH von 1475s und behindert dabei 34 Züge. Die Ursachen befinden sich daher in der zugehörigen Basisstruktur BS_{26}. Eine betriebliche Ursache liegt an der hohen Belastung der Strecke und die infrastrukturelle Ursache ist wahrscheinlich der gegenüber FK_{98} längere Blockabstand von FK_{29}. Dieser Blockabschnitt ist mit einer Länge von 2000m 300m länger als der vorher belegte Blockabschnitt (FK_{98}) mit der Länge von 1700m.
- Bei EPS3 und EPS4 sind keine behindernden Züge zu erkennen, weil sich die Behinderungen an den beiden Engpässen auf Mehrfachbehinderungen nach der Behebung von Behinderungen an EPS2 beziehen.
- Bei EPS5 wird die Ursache auf der Fahrwegkomponente FK_{45} lokalisiert. FK_{45} hat eine Summe der BBH von 14s und behindert einen Zug. Die Ursache liegt darin, dass der zugehörige Blockabschnitt mit einem Blockabstand von 2300m deutlich länger als der vorher belegte Blockabschnitt (FK_{32}, 857 m) ist.

Dieses Beispiel ist ein einfacher und extremer Fall, aber er veranschaulicht die Merkmale eines Untersuchungsraums als Bedienungssystem. Dabei ist der Zusammenhang von lokalen Engpässen und dem Leistungsverhalten des gesamten Untersuchungsraums deutlich zu erkennen. In diesem Beispiel treten Konflikte überwiegend beim Einbruch in den Untersuchungsraum im ersten Blockabschnitt auf. Wenn im Soll-Fahrplan die zuerst auftretenden Konflikte zweier Züge (Sperrzeitenüberlappungen) größer als die nachfolgenden Konflikte sind, werden die nachfolgenden Konflikte nach Behebung der zuerst auftretenden Konflikte durch die Verschiebung der Sperrzeitentreppen auch behoben (vgl. Ansatz in Abschnitt 5.3.2). Ein Engpass (EPS5) wird trotzdem auf einem später belegten Blockabschnitt erkannt, weil er deutlich länger ist.

Darüber hinaus wird erkennbar, dass die Abgrenzung des Untersuchungsraums eine wichtige Rolle bei der mikroskopischen Engpassanalyse spielt. Um potenzielle Engpässe erkennen zu können, soll ein Untersuchungsraum hinreichend größer als der auszuwertende Bereich abgegrenzt werden, damit genügend Vorlaufraum vorhanden ist.

Beispiel 2 – Zwei einfädelnde Zuglaufgruppen

Untersuchungsvariante und makroskopische Bewertung

Im diesem Beispiel fahren Regionalzüge aus zwei Richtungen in eine gemeinsame Richtung (siehe Anhang Abbildung 7). Die zwei Zuglaufgruppen fädeln bei der Einfahrt in Station Birkstedt ein. Der für die Fahrplanverdichtung zugrunde gelegte Basisfahrplan (Verdichtungsstufe 100%) hat eine Belastung von 2 Züge/h. Die Ergebnisse der makroskopischen Bewertung aus PULEIV sind (siehe Anhang Abbildung 7):

- Durchsatzbezogene Leistungsfähigkeit: 19,5 Züge/h (Verdichtungsstufe 970%)
- Optimaler Leistungsbereich: 12,1 – 18 Züge/h (Verdichtungsstufe 600 – 900%)

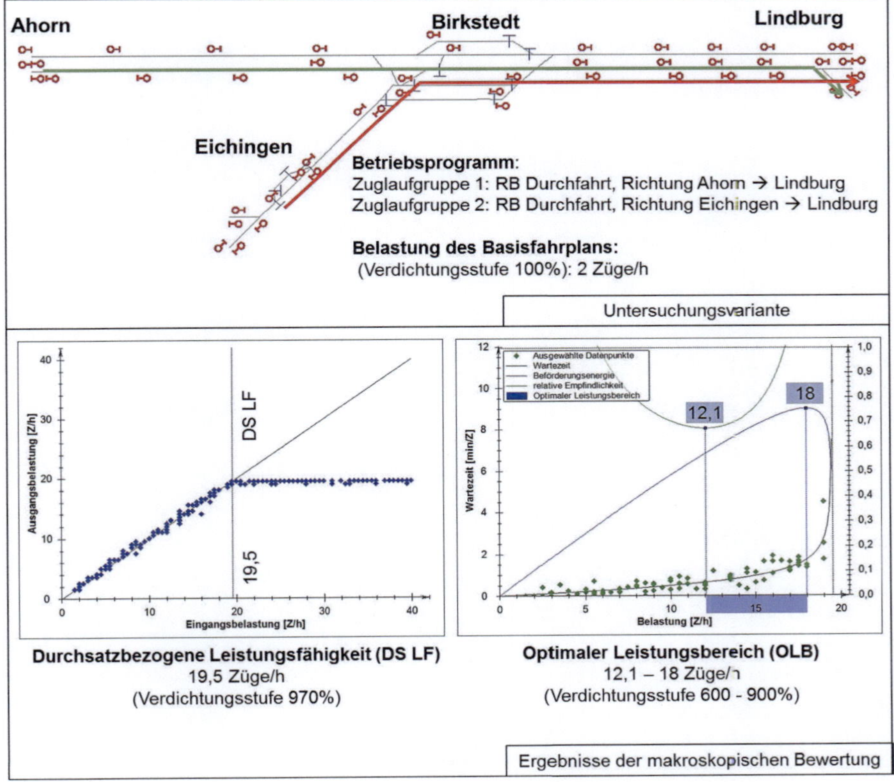

Anhang Abbildung 7: Beispiel 2 – Ergebnisse der makroskopischen Bewertung

Bewertung der Engpassrelevanzen und des maßgebenden Engpasses

In diesem Beispiel wurden drei Engpässe mit hoher Relevanz ermittelt. Die drei Engpassrelevanzen besitzen zugleich die Eigenschaften eines maßgebenden Engpasses. Dadurch ist der Infrastrukturabschnitt aus der Kombination der drei Engpässe als maßgebender Engpass identifiziert (siehe Daten in Anhang Abbildung 8).

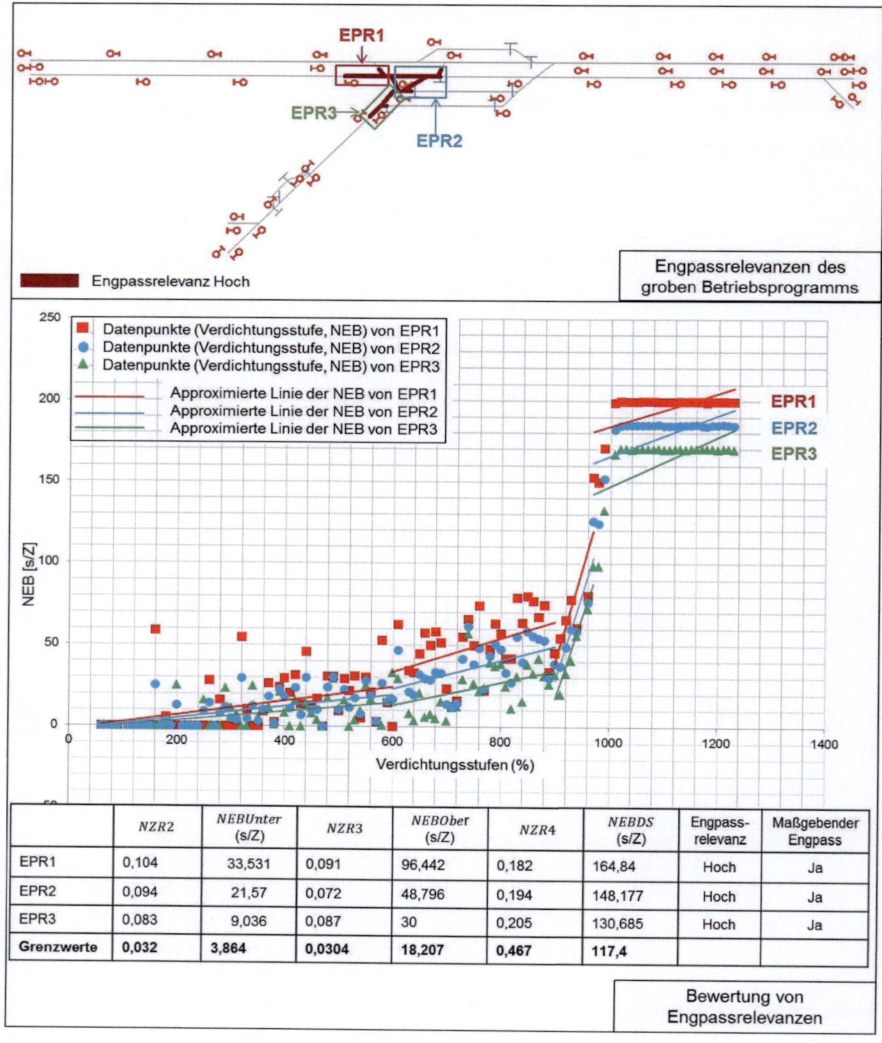

	NZR2	*NEBUnter* (s/Z)	*NZR3*	*NEBOber* (s/Z)	*NZR4*	*NEBDS* (s/Z)	Engpass-relevanz	Maßgebender Engpass
EPR1	0,104	33,531	0,091	96,442	0,182	164,84	Hoch	Ja
EPR2	0,094	21,57	0,072	48,796	0,194	148,177	Hoch	Ja
EPR3	0,083	9,036	0,087	30	0,205	130,685	Hoch	Ja
Grenzwerte	**0,032**	**3,864**	**0,0304**	**18,207**	**0,467**	**117,4**		

Anhang Abbildung 8: Beispiel 2 – Engpassrelevanzen und maßgebender Engpass

Bewertung der Engpasssignifikanzen

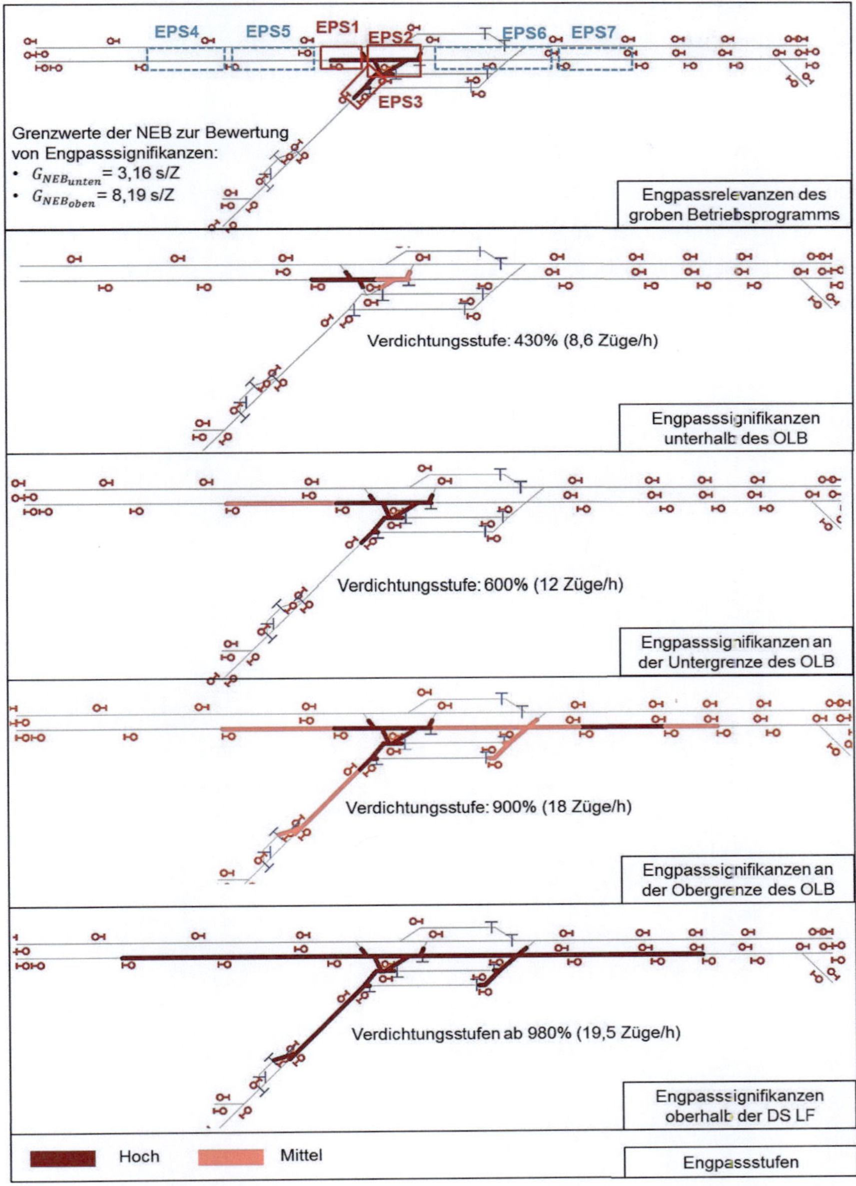

Anhang Abbildung 9: Beispiel 2 – Engpasssignifikanzen verschiedener Verdichtungsstufen

In Anhang Abbildung 9 werden die Engpasssignifikanzen verschiedener Verdichtungsstufen und die Grenzwerte für die Bewertung der Engpasssignifikanzen dargestellt.

Bestimmung der Ursachen der Engpässe

Beispielhaft wird die Ursachenfindung für die Verdichtungsstufe 900% mit einer Belastung an der Obergrenze des OLB durchgeführt, bei der alle Engpässe wirksam sind. Die Ergebnisse der zugeordneten Belegungselementverursachten Behinderungszeiten sowie die betroffenen Belegungselemente (Fahrwegkomponenten und Basisstrukturen), auf denen sich die Ursachen befinden, werden in Anhang Abbildung 10 gezeigt.

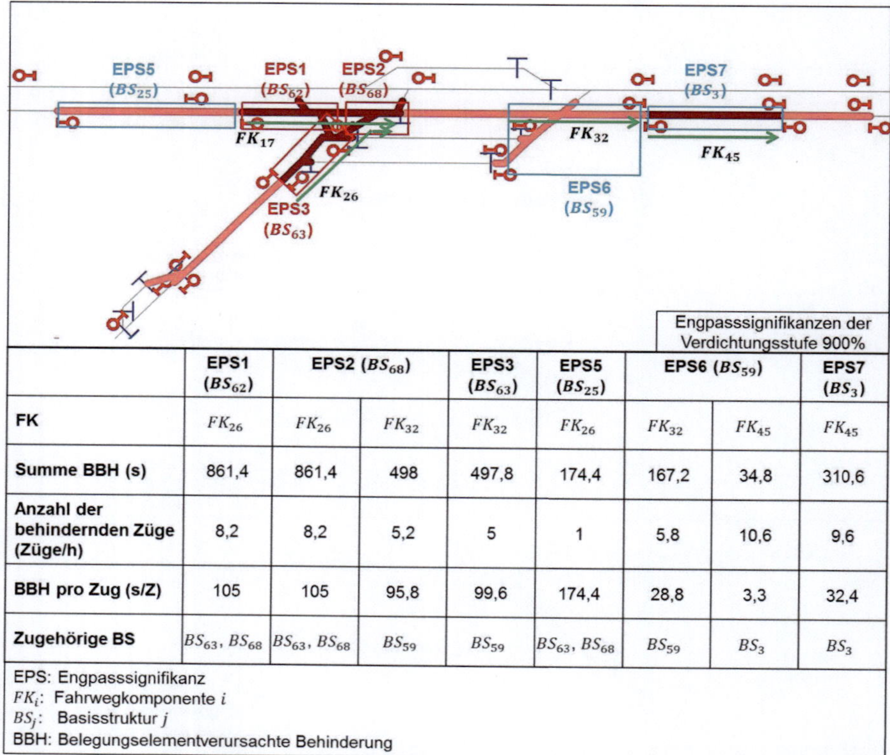

	EPS1 (BS_{62})	EPS2 (BS_{68})		EPS3 (BS_{63})	EPS5 (BS_{25})	EPS6 (BS_{59})		EPS7 (BS_3)
FK	FK_{26}	FK_{26}	FK_{32}	FK_{32}	FK_{26}	FK_{32}	FK_{45}	FK_{45}
Summe BBH (s)	861,4	861,4	498	497,8	174,4	167,2	34,8	310,6
Anzahl der behindernden Züge (Züge/h)	8,2	8,2	5,2	5	1	5,8	10,6	9,6
BBH pro Zug (s/Z)	105	105	95,8	99,6	174,4	28,8	3,3	32,4
Zugehörige BS	BS_{63}, BS_{68}	BS_{63}, BS_{68}	BS_{59}	BS_{59}	BS_{63}, BS_{68}	BS_{59}	BS_3	BS_3

EPS: Engpasssignifikanz
FK_i: Fahrwegkomponente i
BS_j: Basisstruktur j
BBH: Belegungselementverursachte Behinderung

Anhang Abbildung 10: Beispiel 2 - Zuordnung der Belegungselementverursachten Behinderungszeit für die Ursachenfindung

Die Ursachen sind in den Fahrwegkomponenten FK_{26}, FK_{32} und FK_{45} zu finden. Bei FK_{26} liegen die Ursachen einerseits bei der Einfädelung, anderseits ist diese Fahrwegkomponente (FK_{26}) deutlich länger als die einzufädelnde Fahrwegkomponente (FK_{17}), wodurch die Belegungszeit länger ist. Der Grund bei FK_{32} liegt direkt in der Einfädelung, weshalb diese Fahrwegkomponente eine hohe Belastung hat. Der zugehörige Blockabschnitt von FK_{45} ist länger als der vorherige Blockabschnitt und verursacht dadurch Behinderungen.

Beispiel 3 – Drei kreuzende Zuglaufgruppen

Untersuchungsvariante und makroskopische Bewertung

In diesem Beispiel kreuzen drei Zuglaufgruppen von Regionalzügen aus und nach drei unterschiedlichen Richtungen an der Station Birkstedt. Jede Zuglaufgruppe hat eine Belastung von 0,5 Züge/h im Basisfahrplan, die gesamte Belastung ist 1,5 Züge/h. Die Untersuchungsvariante und die Ergebnisse der makroskopischen Bewertung werden in Anhang Abbildung 11 veranschaulicht.

- Durchsatzbezogene Leistungsfähigkeit: 32,5 Züge/h (Verdichtungsstufe 2200%)
- Optimaler Leistungsbereich: 16,7 - 26,7 Züge/h (Verdichtungsstufe 1100 - 1800%)

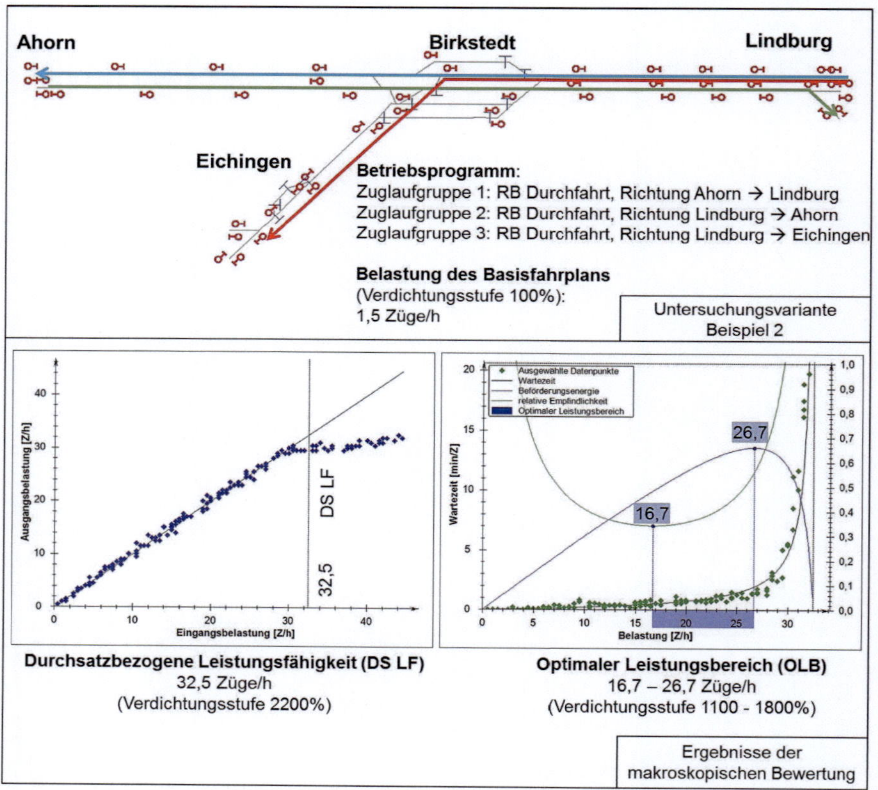

Anhang Abbildung 11: Beispiel 3 – Ergebnisse der makroskopischen Bewertung

Bewertung der Engpassrelevanzen und des maßgebenden Engpasses

In Anhang Abbildung 12 werden die Engpassrelevanzen und die Daten für die Bewertung dargestellt. Zur Veranschaulichung werden die Daten der NEB für die vier Engpassrelevanzen, EPR1, EPR2, EPR3 und EPR4 gezeigt.

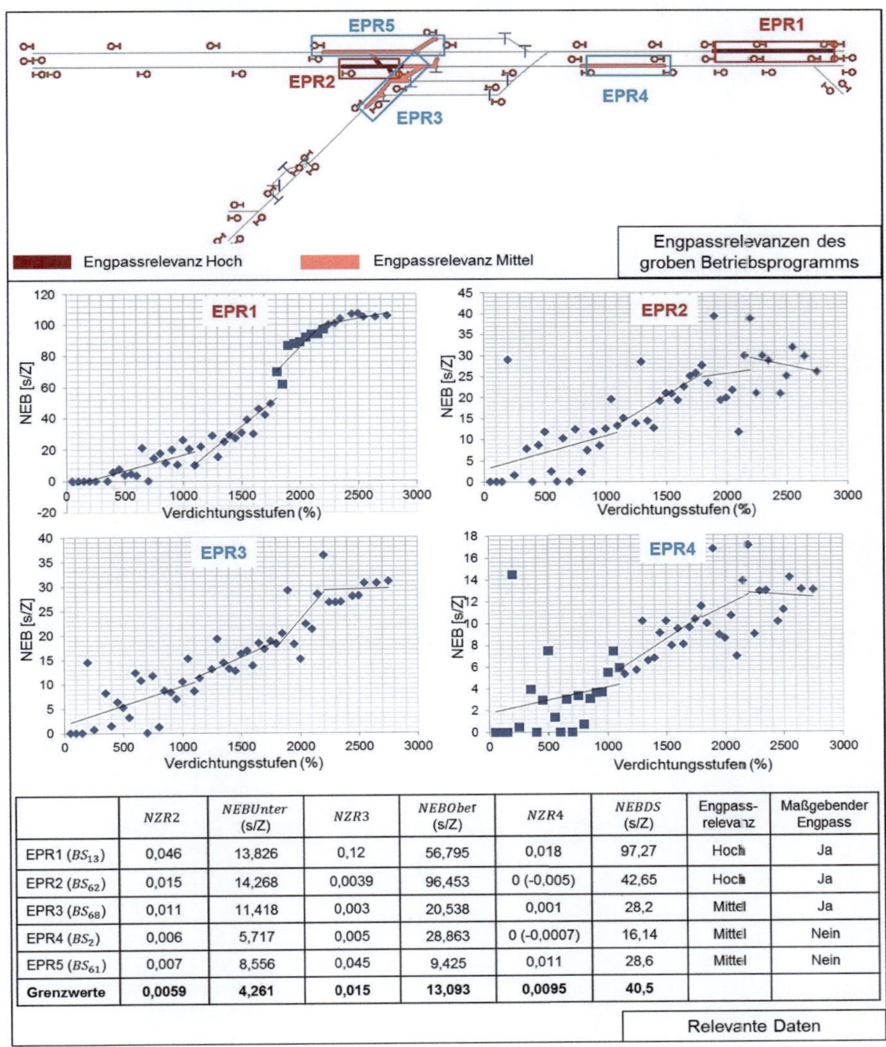

	$NZR2$	$NEBUnter$ (s/Z)	$NZR3$	$NEBOber$ (s/Z)	$NZR4$	$NEBDS$ (s/Z)	Engpass-relevanz	Maßgebender Engpass
EPR1 (BS_{13})	0,046	13,826	0,12	56,795	0,018	97,27	Hoch	Ja
EPR2 (BS_{62})	0,015	14,268	0,0039	96,453	0 (-0,005)	42,65	Hoch	Ja
EPR3 (BS_{68})	0,011	11,418	0,003	20,538	0,001	28,2	Mittel	Ja
EPR4 (BS_{2})	0,006	5,717	0,005	28,863	0 (-0,0007)	16,14	Mittel	Nein
EPR5 (BS_{61})	0,007	8,556	0,045	9,425	0,011	28,6	Mittel	Nein
Grenzwerte	**0,0059**	**4,261**	**0,015**	**13,093**	**0,0095**	**40,5**		

Anhang Abbildung 12: Beispiel 3 – Engpassrelevanzen und maßgebender Engpass

Bewertung der Engpasssignifikanzen

In Anhang Abbildung 13 werden die Engpasssignifikanzen verschiedener Verdichtungsstufen dargestellt.

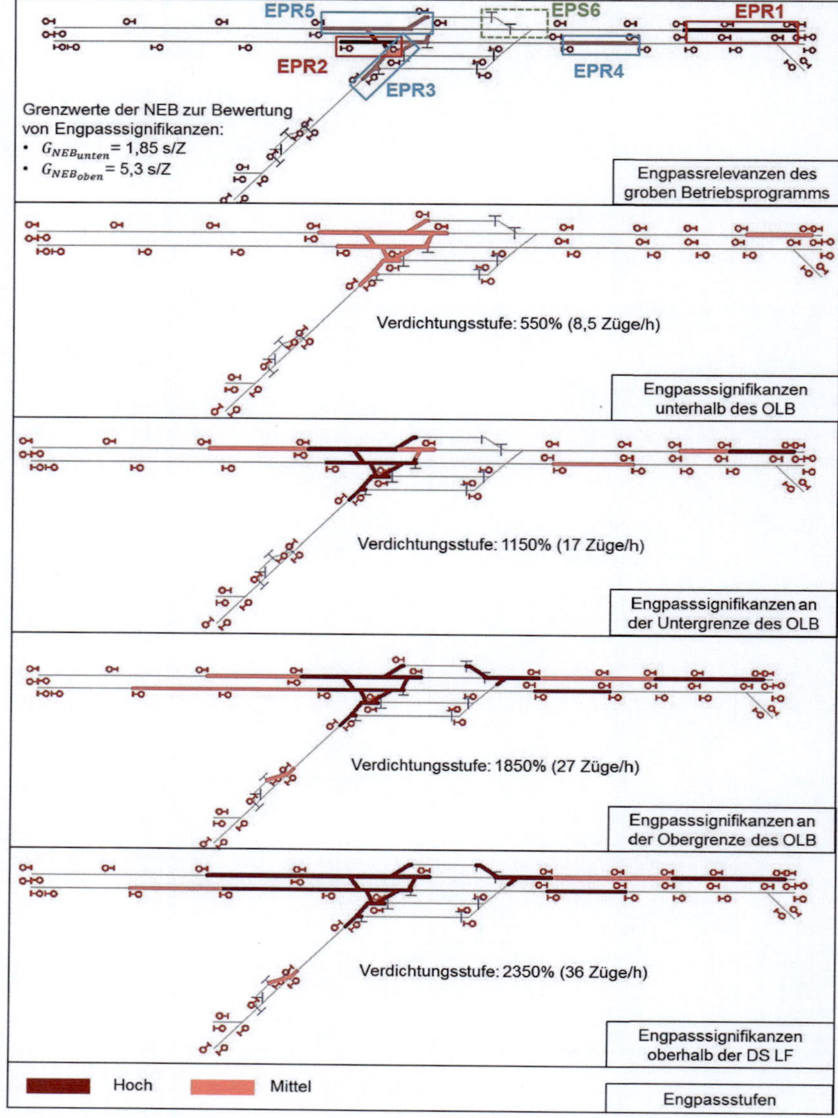

Anhang Abbildung 13: Beispiel 3 – Engpasssignifikanzen verschiedener Verdichtungsstufen

Bestimmung der Ursachen

Für die Verdichtungsstufe 1850%, bei der alle Engpässe wirksam sind, werden die Belegungselementverursachten Behinderungszeiten zugeordnet (siehe Anhang Abbildung 14). Die Ursache von EPS1 liegt an FK_{45} (BS_{13}), hier ist der Einbruch von zwei Zuglaufgruppen mit hoher Belastung. Die Engpässe EPS2, EPS3, EPS5 und EPS6 haben die Ursachen in BS_{62} und BS_{68}, wo zwei Zuglaufgruppen kreuzend fahren. Hier wird auch gezeigt, dass sich die erkannten Ursachen von EPS5 und EPS6 nicht unmittelbar an den Engpässe befinden. Für EPS4 wird nur eine vernachlässigbare geringe BBH derselben Basisstruktur zugeordnet, da es sich in diesem Fall um einen Rückstaueffekt aus EPS6 handelt.

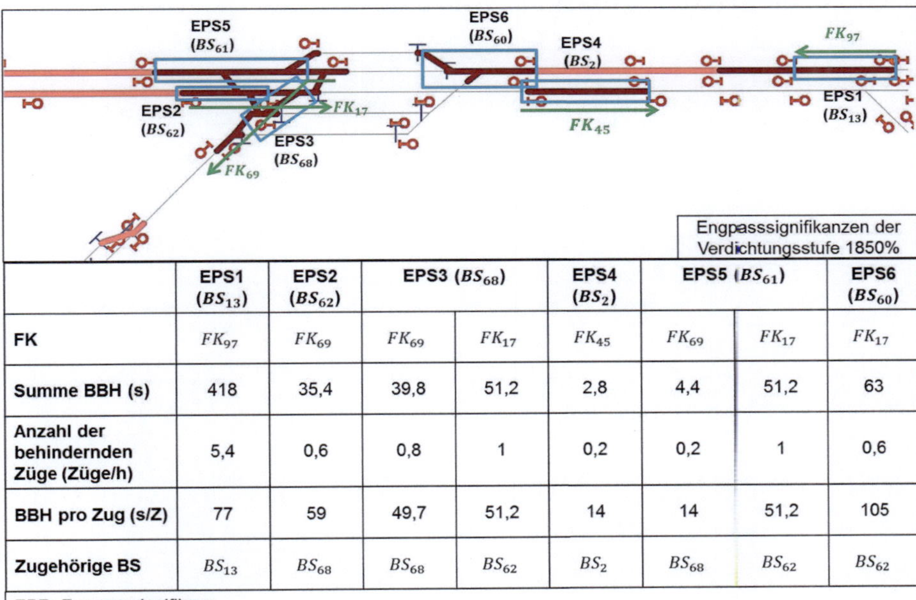

	EPS1 (BS_{13})	EPS2 (BS_{62})	EPS3 (BS_{68})		EPS4 (BS_2)	EPS5 (BS_{61})		EPS6 (BS_{60})
FK	FK_{97}	FK_{69}	FK_{69}	FK_{17}	FK_{45}	FK_{69}	FK_{17}	FK_{17}
Summe BBH (s)	418	35,4	39,8	51,2	2,8	4,4	51,2	63
Anzahl der behindernden Züge (Züge/h)	5,4	0,6	0,8	1	0,2	0,2	1	0,6
BBH pro Zug (s/Z)	77	59	49,7	51,2	14	14	51,2	105
Zugehörige BS	BS_{13}	BS_{68}	BS_{68}	BS_{62}	BS_2	BS_{68}	BS_{62}	BS_{62}

EPR: Engpasssignifikanz
FK_i: Fahrwegkomponente i
BS_j: Basisstruktur j
BBH: Belegungselementverursachte Behinderung

Anhang Abbildung 14: Beispiel 3 – Zuordnung der Belegungselementverursachten Behinderungszeiten für die Ursachenfindung

Beispiel 4 – Kleines Eisenbahnnetz

Um die theoretischen Ansätze zu verdeutlichen, wurden in den drei vorangegangenen Bespiele einfache Fälle der Fahrtenkombination angezeigt. Im Folgenden wird die Engpassanalyse für ein kleines Eisenbahnnetz mit relativ komplexer Fahrtenkombination durchgeführt.

Untersuchungsvariante und makroskopische Bewertung

Die Untersuchungsvariante wird in Anhang Abbildung 15 dargestellt. Der Untersuchungsraum besteht aus vier Stationen (Ahorn, Birkstedt, Lindburg und Eichingen), eine zweigleisige Stecke (Ahorn → Lindburg) und einer eingleisige Strecke (Eichingen → Birkstedt). Birkstedt ist ein Trennungsbahnhof mit fünf Gleisen. Der Basisfahrplan enthält 9 Züge/h, davon 2 IC, 6 RB und 1 Güterzug.

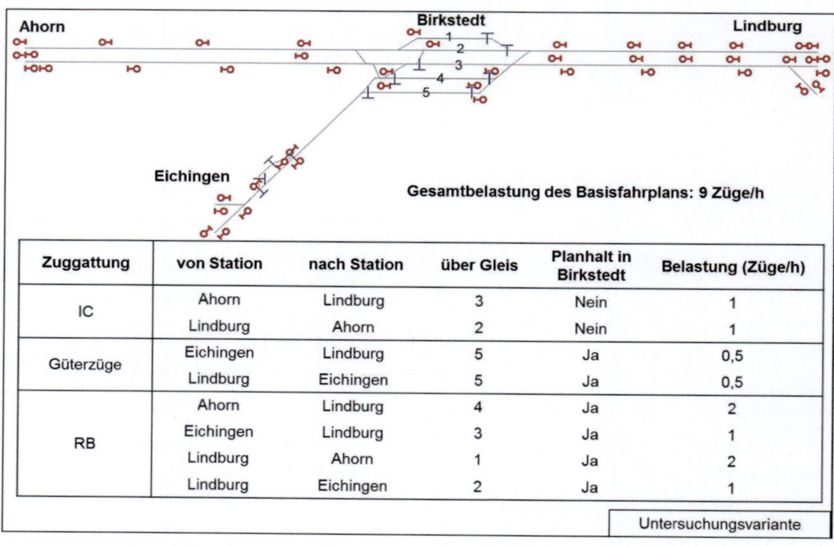

Zuggattung	von Station	nach Station	über Gleis	Planhalt in Birkstedt	Belastung (Züge/h)
IC	Ahorn	Lindburg	3	Nein	1
	Lindburg	Ahorn	2	Nein	1
Güterzüge	Eichingen	Lindburg	5	Ja	0,5
	Lindburg	Eichingen	5	Ja	0,5
RB	Ahorn	Lindburg	4	Ja	2
	Eichingen	Lindburg	3	Ja	1
	Lindburg	Ahorn	1	Ja	2
	Lindburg	Eichingen	2	Ja	1

Anhang Abbildung 15: Beispiel 4 - Untersuchungsvariante

In Anhang Abbildung 16 werden das Leistungsverhalten dieser Untersuchungsvariante und die lokalisierten Engpassrelevanzen dargestellt. Die Datenpunkte (Belastung, Wartezeit) für die makroskopische Bewertung sind in den beiden mittleren Diagrammen und die Datenpunkte (Verdichtungsstufe, NEB) der drei Engpassrelevanzen aus der mikroskopischen Engpassanalyse im unteren Diagramm wiedergegeben. Die Entwicklung der Datenpunkte stimmt mit dem theoretischen Verlauf zwar überein, allerdings ist hier im Vergleich mit den einfachen Fällen in den vorherigen Beispielen (Beispiel 1, 2 und 3) ein theoretisch absoluter horizontaler Verlauf aufgrund der Wechselwirkung von komplexen Fahrtenkombinationen nicht zu erreichen.

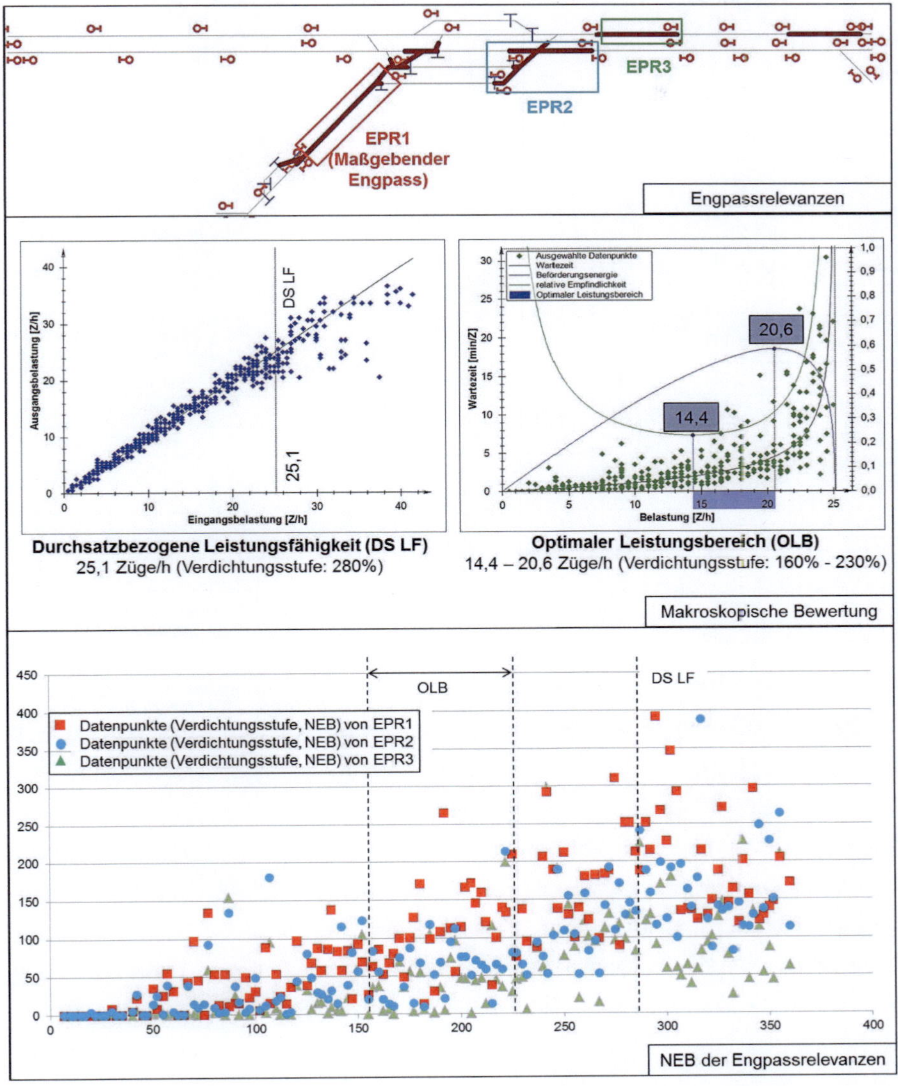

Anhang Abbildung 16: Beispiel 4 – Vergleich der Daten aus makroskopischer und mikroskopischer Bewertung

Die lokalisierten Engpassrelevanzen und entsprechenden Daten für die Bewertung werden in Anhang Abbildung 17 gezeigt. Dabei wird die Kombination von EPR1 und EPR5 als der maßgebende Engpass des Untersuchungsraums identifiziert.

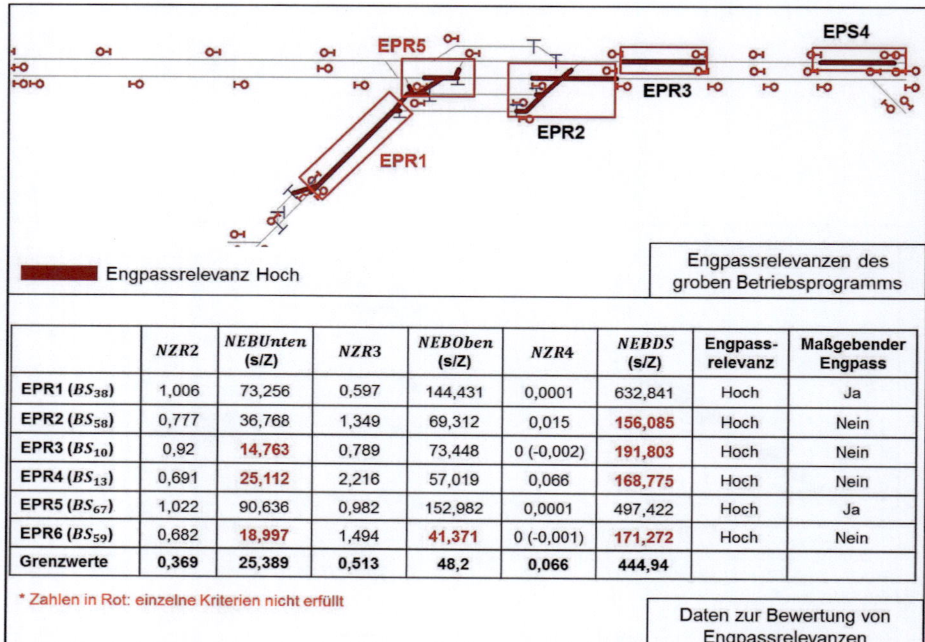

	$NZR2$	$NEBUnten$ (s/Z)	$NZR3$	$NEBOben$ (s/Z)	$NZR4$	$NEBDS$ (s/Z)	Engpass-relevanz	Maßgebender Engpass
EPR1 (BS_{38})	1,006	73,256	0,597	144,431	0,0001	632,841	Hoch	Ja
EPR2 (BS_{58})	0,777	36,768	1,349	69,312	0,015	**156,085**	Hoch	Nein
EPR3 (BS_{10})	0,92	**14,763**	0,789	73,448	0 (-0,002)	**191,803**	Hoch	Nein
EPR4 (BS_{13})	0,691	**25,112**	2,216	57,019	0,066	**168,775**	Hoch	Nein
EPR5 (BS_{67})	1,022	90,636	0,982	152,982	0,0001	497,422	Hoch	Ja
EPR6 (BS_{59})	0,682	**18,997**	1,494	**41,371**	0 (-0,001)	**171,272**	Hoch	Nein
Grenzwerte	**0,369**	**25,389**	**0,513**	**48,2**	**0,066**	**444,94**		

Anhang Abbildung 17: Beispiel 4 - Bewertung der Engpassrelevanzen und maßgebender Engpass

In Anhang Abbildung 18 werden die Engpassrelevanzen und Engpasssignifikanzen verschiedener Verdichtungsstufen dargestellt. Werden die Engpassrelevanzen EPR1, EPR2 und EPR3 betrachtet, ist es erkennbar, dass der maßgebende Engpass (EPR1) bei einer niedrigen Verdichtungsstufe (110%) mit hoher Engpasssignifikanz in Erscheinung tritt und danach EPR2 folgt. Zuletzt wird EPR3 bei einer Verdichtungsstufe von (230%) als Engpass wirksam. Dies entspricht der Entwicklung der Nicht erfüllbaren Belegungswünsche der drei Engpässe (Anhang Abbildung 16) der betroffenen Basisstrukturen.

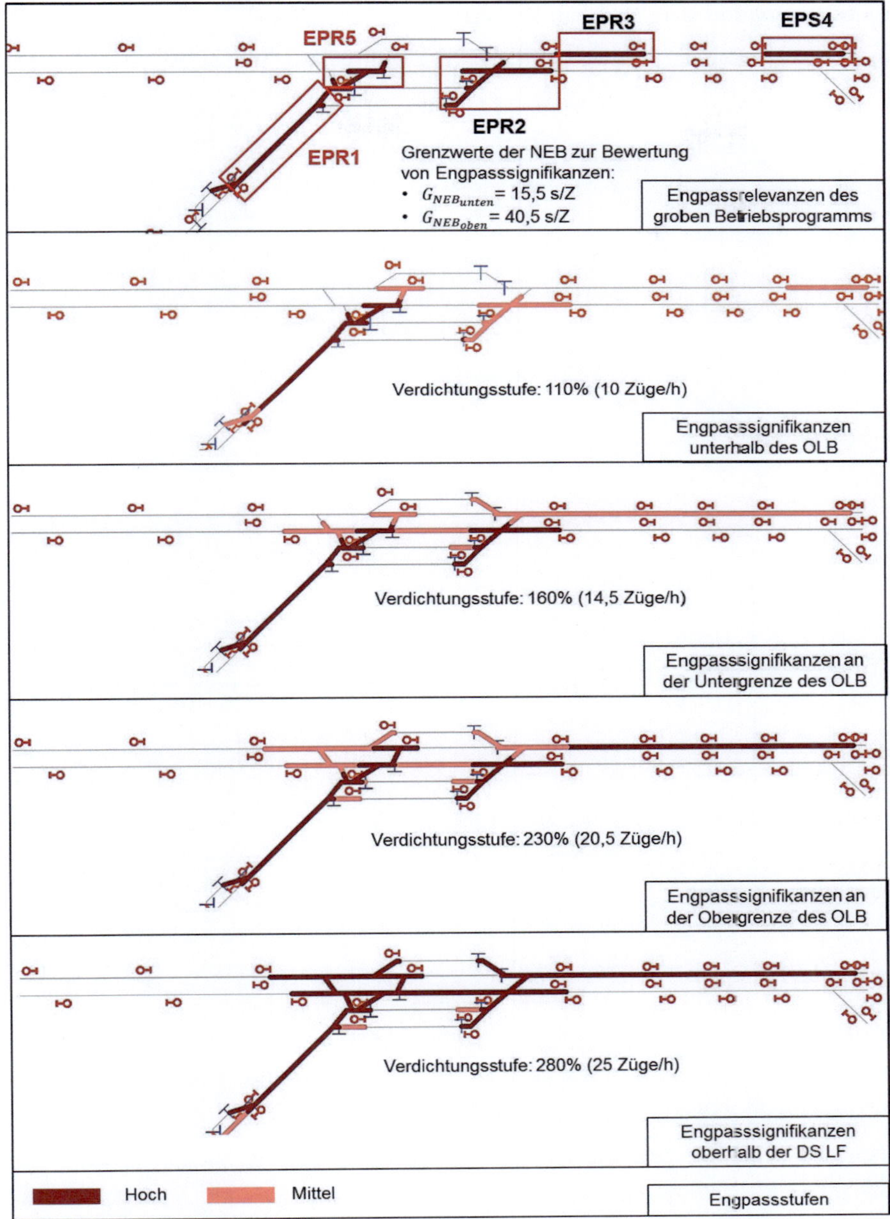

Anhang Abbildung 18: Beispiel 4 – Engpasssignifikanzen verschiedener Verdichtungsstufe

Bestimmung der Ursachen der Engpässe

Die Ursachenfindung wird für die Verdichtungsstufe 200% durchgeführt, bei der alle Engpässe wirksam sind. In Anhang Abbildung 19 werden die Ergebnisse der Engpässe hoher Signifikanz angezeigt.

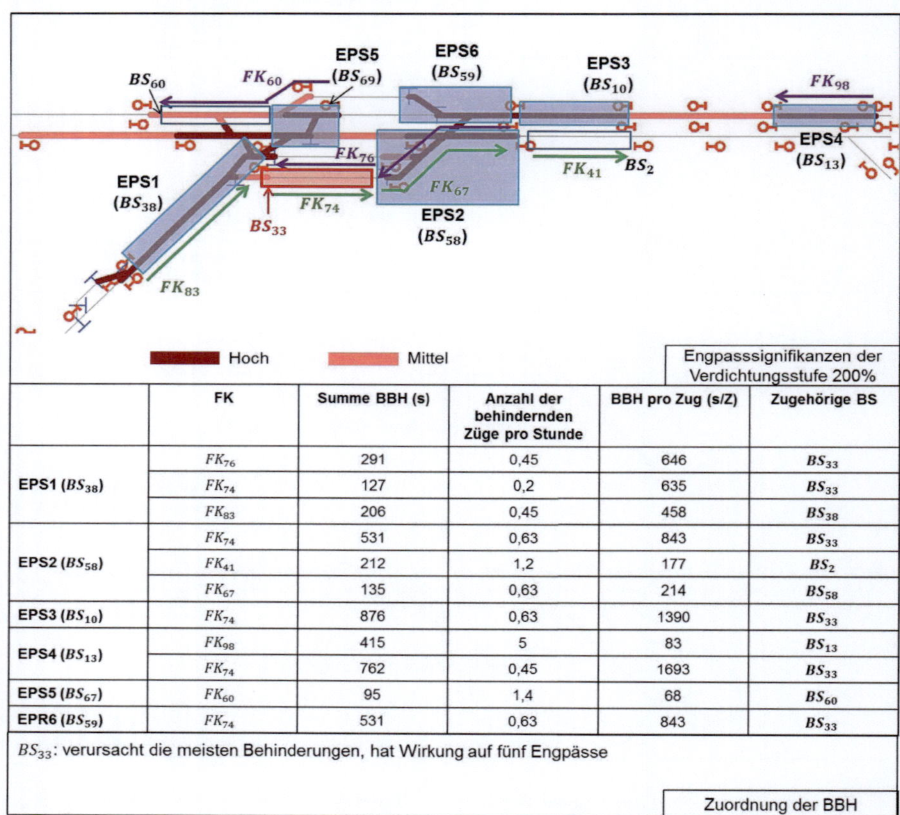

	FK	Summe BBH (s)	Anzahl der behindernden Züge pro Stunde	BBH pro Zug (s/Z)	Zugehörige BS
EPS1 (BS_{38})	FK_{76}	291	0,45	646	BS_{33}
	FK_{74}	127	0,2	635	BS_{33}
	FK_{83}	206	0,45	458	BS_{38}
EPS2 (BS_{58})	FK_{74}	531	0,63	843	BS_{33}
	FK_{41}	212	1,2	177	BS_2
	FK_{67}	135	0,63	214	BS_{58}
EPS3 (BS_{10})	FK_{74}	876	0,63	1390	BS_{33}
EPS4 (BS_{13})	FK_{98}	415	5	83	BS_{13}
	FK_{74}	762	0,45	1693	BS_{33}
EPS5 (BS_{67})	FK_{60}	95	1,4	68	BS_{60}
EPR6 (BS_{59})	FK_{74}	531	0,63	843	BS_{33}

BS_{33}: verursacht die meisten Behinderungen, hat Wirkung auf fünf Engpässe

Zuordnung der BBH

Anhang Abbildung 19: Beispiel 4 – Ergebnisse der Ursachenfindung

Die Ergebnisse zeigen an, dass sich die Ursachen überwiegend in der Basisstruktur BS_{33} befinden. Beide zugehörigen Fahrwegkomponenten, FK_{74} sowie FK_{74}, besitzen eine hohe BBH. Als Ursache wird nach der Prüfung der Infrastruktur und des Betriebsprogramms festgestellt, dass das betroffene Gleis von BS_{33} von Güterzügen aus zwei Richtungen in Anspruch genommen wird. Außerdem haben die Güterzüge eine lange planmäßige Haltezeit auf diesem Gleis. Wird das Gleis belegt, müssen andere Güterzüge, die in die Station Birkstedt einfahren möchten, entweder vor der

Einfahrt von Birkstedt oder in der Station Eichingen warten, wodurch wiederum weitere Züge behindert werden.

Beispiel 5 - Großer Eisenbahnknoten

In diesem Beispiel wird die mikroskopische Engpassanalyse für einen realen großen Eisenbahnknoten durchgeführt. In Anhang Abbildung 20 wird die Infrastruktur und in Anhang Tabelle 1 das zu untersuchende Betriebsprogramm dargestellt. Der angelegte Basisfahrplan hat eine Belastung von 72 Züge/h.

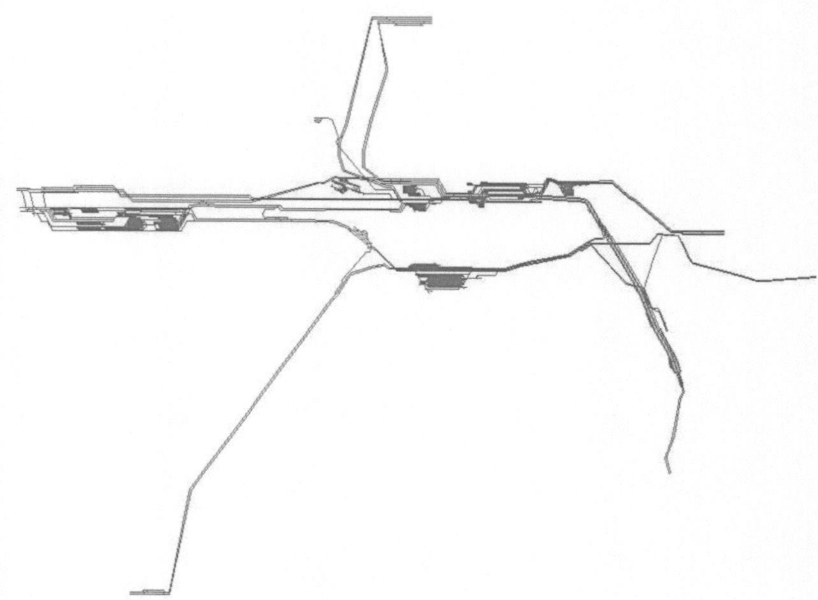

Anhang Abbildung 20: Beispiel 5 - Infrastruktur eines großen Eisenbahnknotens

Zuggattung	Belastung der Verdichtungsstufe 100% (Züge/h)
S-Bahn	20
Personennahverkehr	18
Personenfernverkehr	26
Ferngüterzüge	3
Nahgüterzüge	2
Sonderfahrt	3
	Summe: 72

Anhang Tabelle 1: Beispiel 5 – Betriebsprogramm

Ergebnisse der makroskopischen Bewertung

Die zu bewertende Untersuchungsvariante hat die Durchsatzbezogene Leistungsfähigkeit von 127,4 Züge/h (entspricht der Verdichtungsstufe 175%) und den Optimalen Leistungsbereich zwischen 74,3 und 110,6 Züge/h (Verdichtungsstufen 105 - 155%).

Ergebnisse der mikroskopischen Engpassanalyse

In Anhang Abbildung 21 wird der Überblick der lokalisierten Engpassrelevanzen in dem großen Eisenbahnknoten gegeben. Da die komplexe Infrastruktur dieses Beispiels nicht überschaubar ist, werden ermittelte Engpässe beispielhaft in fünf Ausschnitten, A1 bis A5, in denen sich hohe Engpassrelevanzen befinden, detailliert dargestellt und diskutiert.

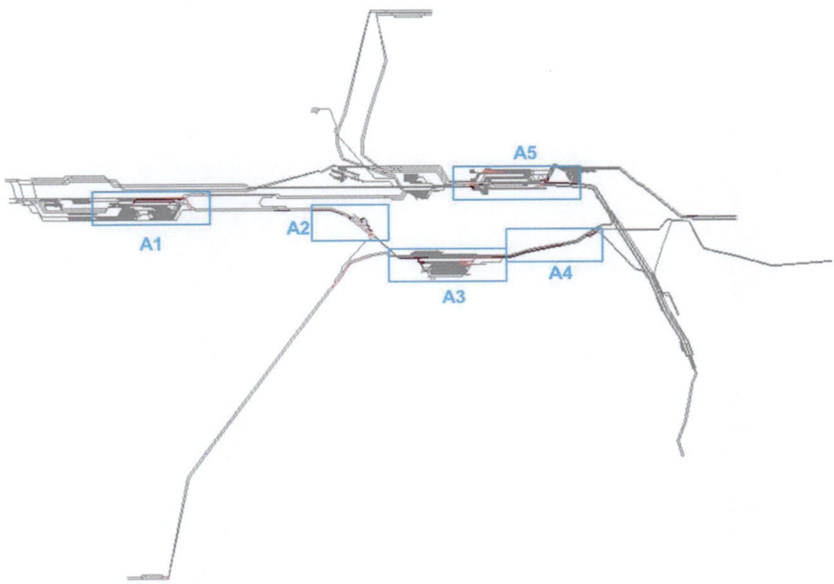

Anhang Abbildung 21: Beispiel 5 - Überblick der Engpassrelevanzen in dem großen Eisenbahnknoten

In den folgenden Abbildungen (Anhang Abbildung 22 - Anhang Abbildung 26) werden für die fünf Ausschnitte jeweils die Engpassrelevanzen und die Engpasssignifikanzen bei den verschiedenen Verdichtungsstufen 60% (unter OLB), 100% (Untergrenze des OLB) und 180% (oberhalb des OLB) beispielhaft dargestellt.

Engpässe im Ausschnitt A1

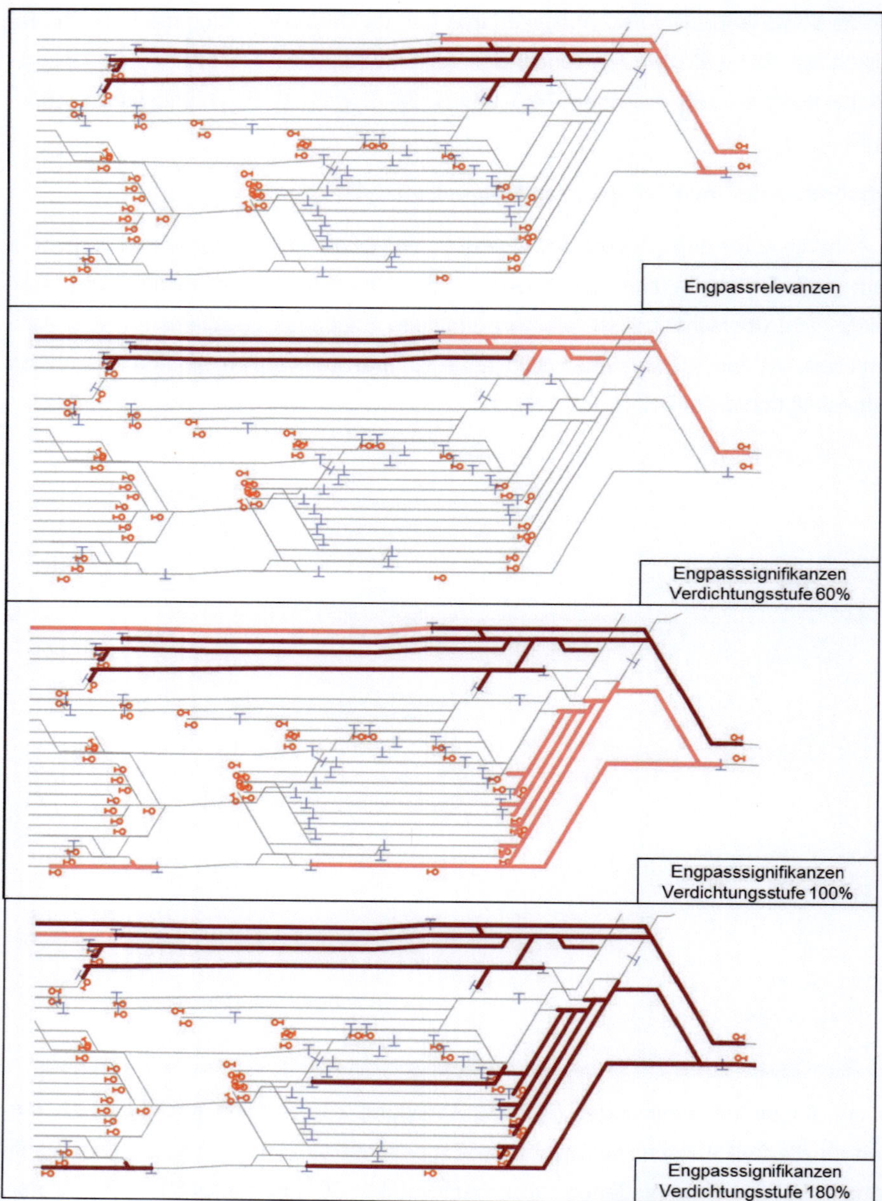

Anhang Abbildung 22: Beispiel 5 - Engpassrelevanzen und -signifikanzen im Ausschnitt A1

Engpässe im Ausschnitt A2

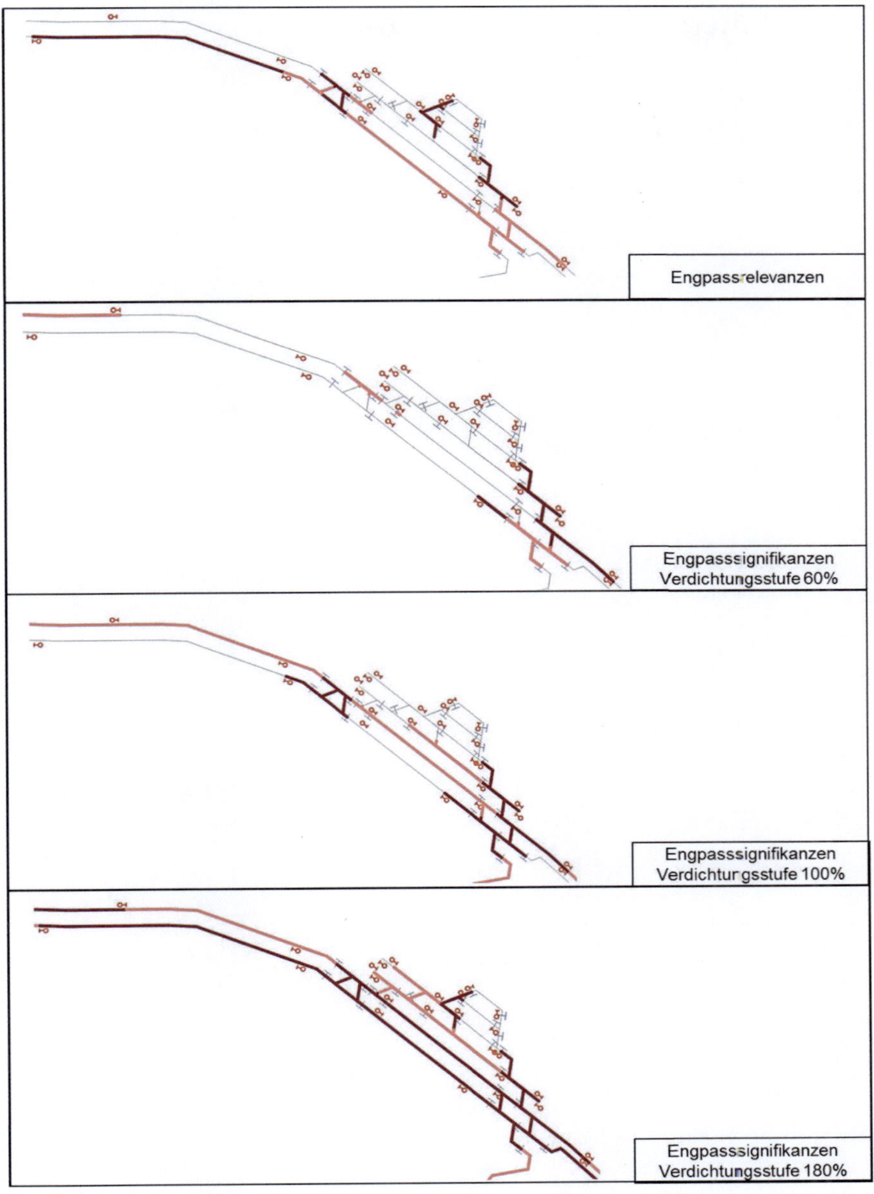

Anhang Abbildung 23: Beispiel 5 - Engpassrelevanzen und -signifikanzen im Ausschnitt A2

Engpässe im Ausschnitt A3

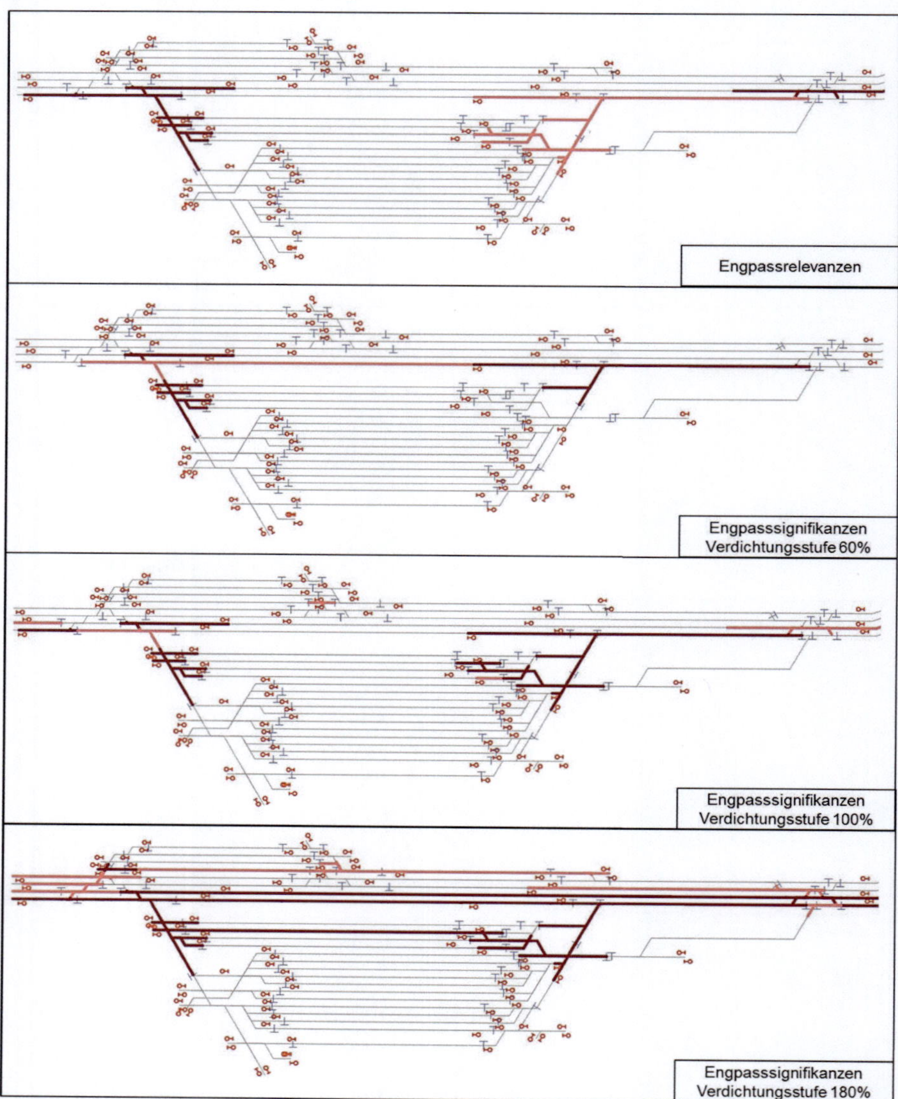

Anhang Abbildung 24: Beispiel 5 - Engpassrelevanzen und -signifikanzen im Ausschnitt A3

Engpässe im Ausschnitt A4

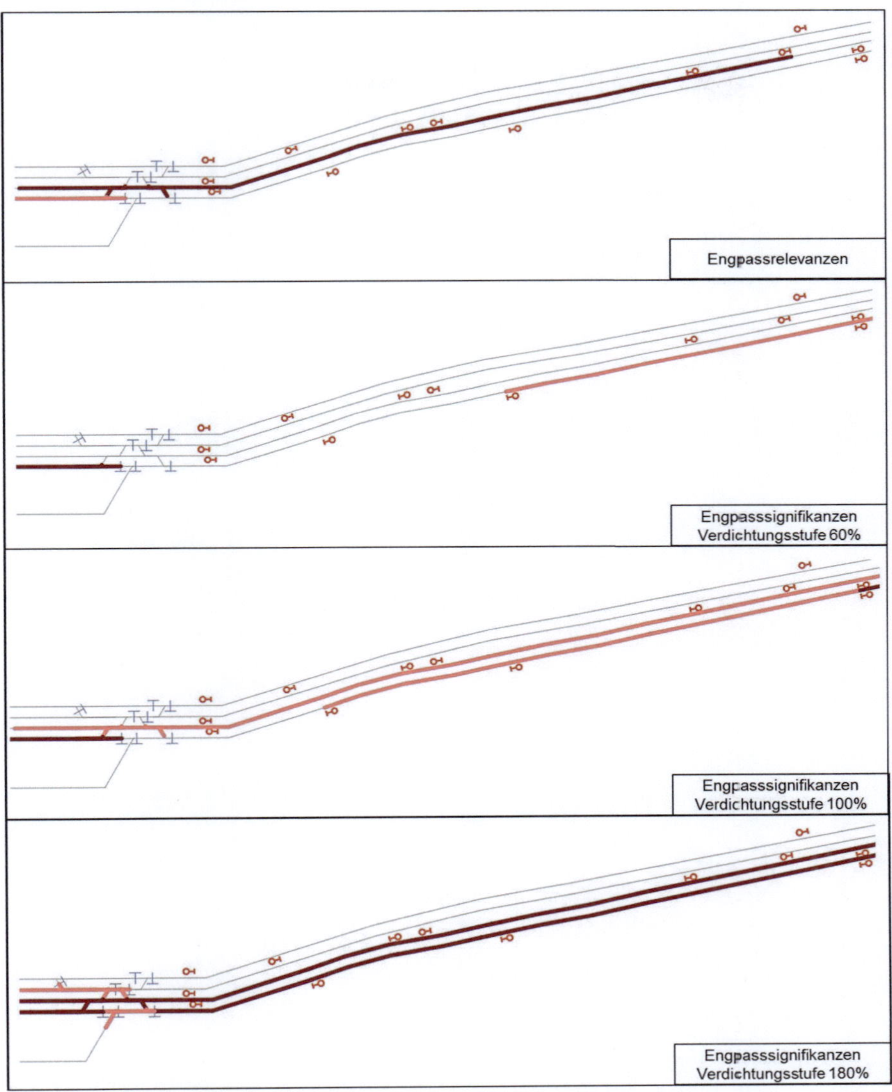

Anhang Abbildung 25: Beispiel 5 - Engpassrelevanzen und -signifikanzen im Ausschnitt A4

Engpässe im Ausschnitt A5

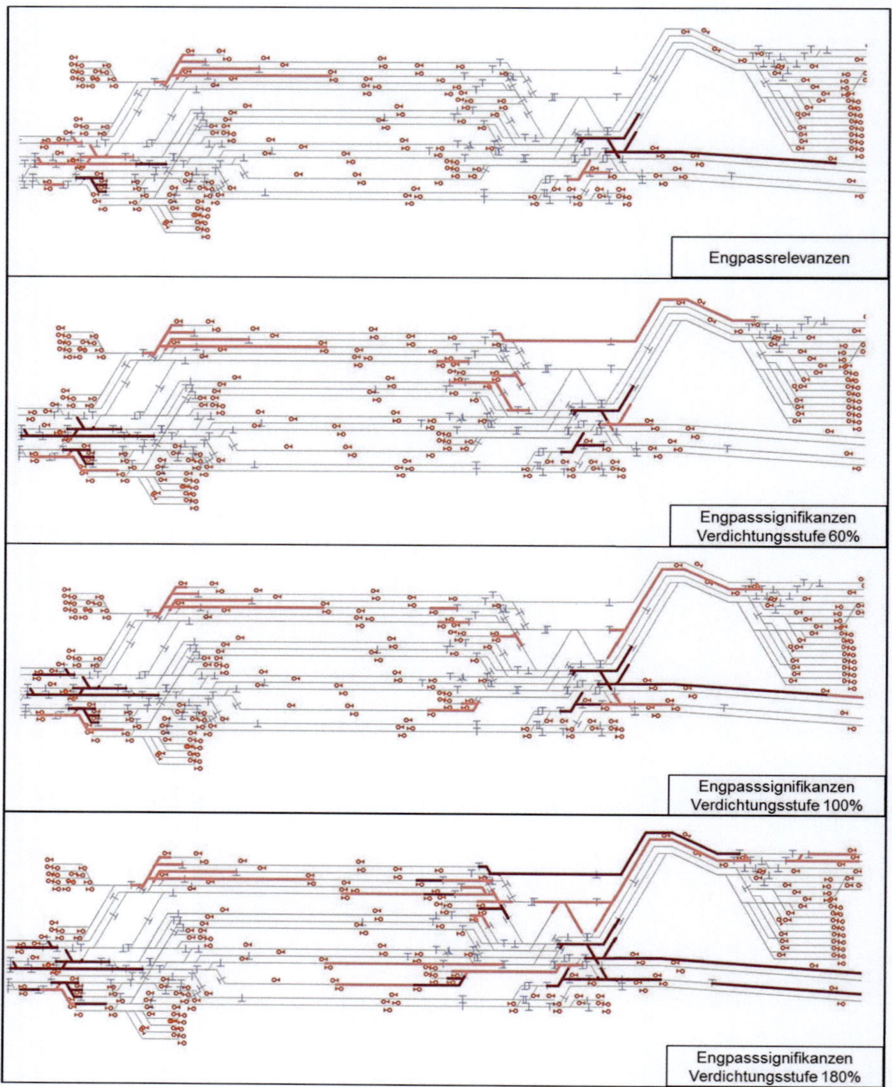

Anhang Abbildung 26: Beispiel 5 - Engpassrelevanzen und -signifikanzen im Ausschnitt A5

Die Ergebnisse der fünf Ausschnitte zeigen eindeutig das Wirksamwerden der Engpassrelevanzen als Engpasssignifikanzen bei steigenden Verdichtungsstufen.

Bewertung des maßgebenden Engpasses

In Anhang Abbildung 27 werden die Engpässe lokalisiert, die mutmaßlich den maßgebenden Engpass darstellen. Der maßgebende Engpass befindet sich in zwei nebeneinander liegenden Ausschnitten (A2 und A3), die wahrscheinlich voneinander abhängig sind und aus denselben Ursachen hervorgerufen werden.

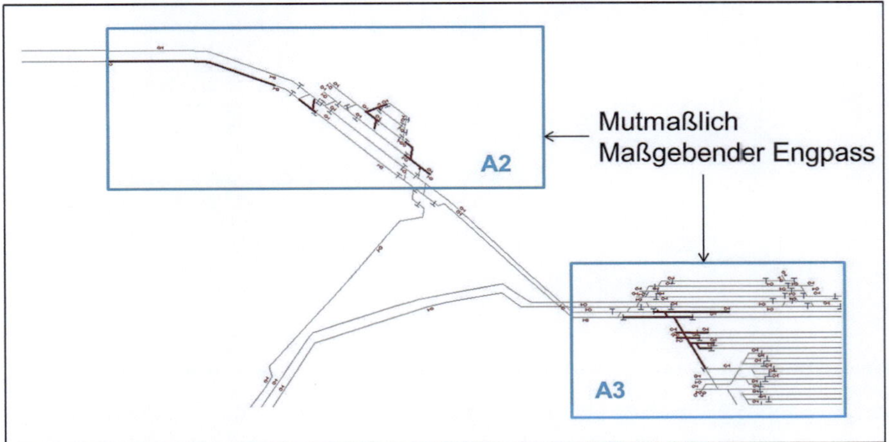

Anhang Abbildung 27: Beispiel 5 – Bewertung des maßgebenden Engpasses

Bestimmung der Ursachen der Engpässe

In diesem Beispiel wird die Verdichtungsstufe 100% betrachtet, für die die Ursachenfindung für die lokalisierten Engpässe durchgeführt wird.

Ursachen der Engpässe in A1

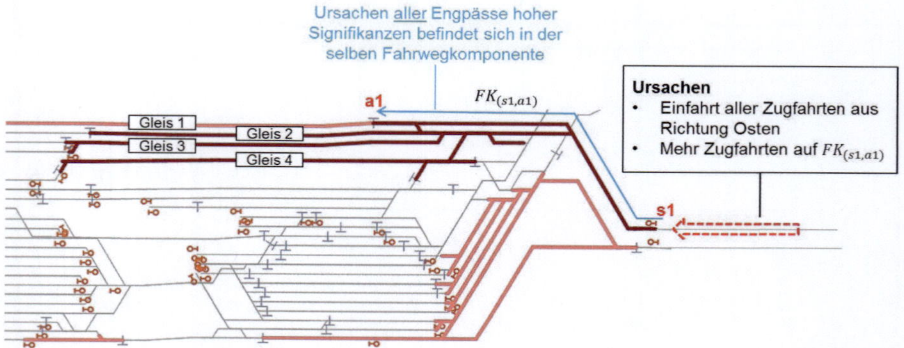

Anhang Abbildung 28: Beispiel 5 – Bestimmung der Ursachen der Engpässe im Ausschnitt A1

Der Ausschnitt A1 bezieht sich auf einen Rangierbahnhof (Anhang Abbildung 28). Durch die Zuordnung von BBH für alle Basisstrukturen hoher Engpasssignifikanzen werden die Ursachen aller Engpässe auf den Fahrwegkomponenten $FK_{(s1,a1)}$ lokalisiert (blauer Pfeil in Anhang Abbildung 28). Nach der Überprüfung von Infrastruktur und Betriebsprogramm wird festgestellt, dass alle Zugfahrten aus Richtung Osten zu den Gleisen 1 – 4 am Signal s1 einfahren. Die Anzahl der Zugfahrten über Fahrwegkomponente $FK_{(s1,a1)}$ zu Gleis 1 (2 Züge/h) ist das Vierfache der anderen Zugfahrten zu den Gleisen 2 – 4 (0,5 Züge/h). Die lange Belegungszeit auf $FK_{(s1,a1)}$ behindert dadurch andere einfahrende Zugfahrten und verursacht die Engpässe.

Ursachen der Engpässe in A2

Die Ursachen der Engpässe im Ausschnitt A2 werden in Anhang Abbildung 29 dargestellt.

Im Gegensatz zu A1 werden für die Engpässe im Ausschnitt A2 unterschiedliche Ursachen an unterschiedlichen Orten zugeordnet. Die Ergebnisse zeigen, dass mit dem Ansatz in der vorliegenden Arbeit auch Ursachen gefunden werden können, die sich nicht immer unmittelbar an den Engpässen befinden.

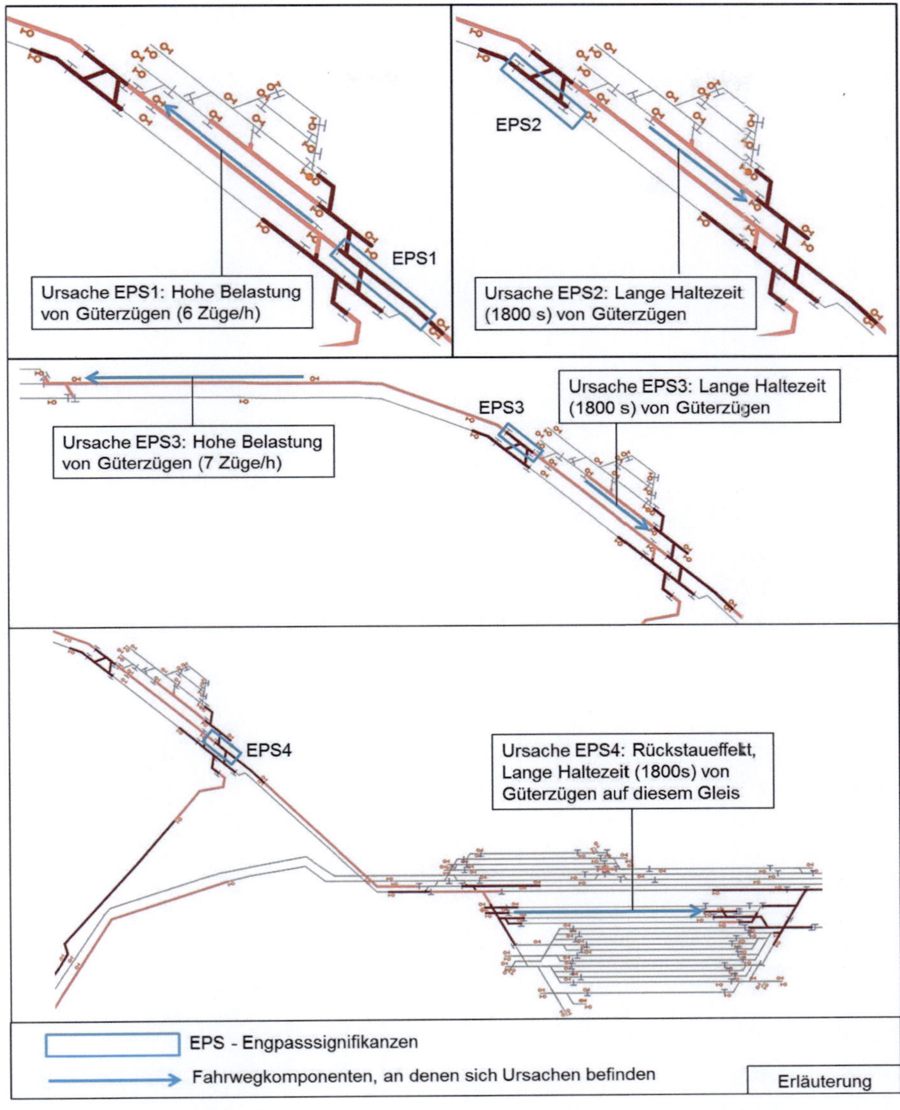

Anhang Abbildung 29: Beispiel 5 - Bestimmung der Ursachen der Engpässe im Ausschnitt A2

Ursachen der Engpässe in A3

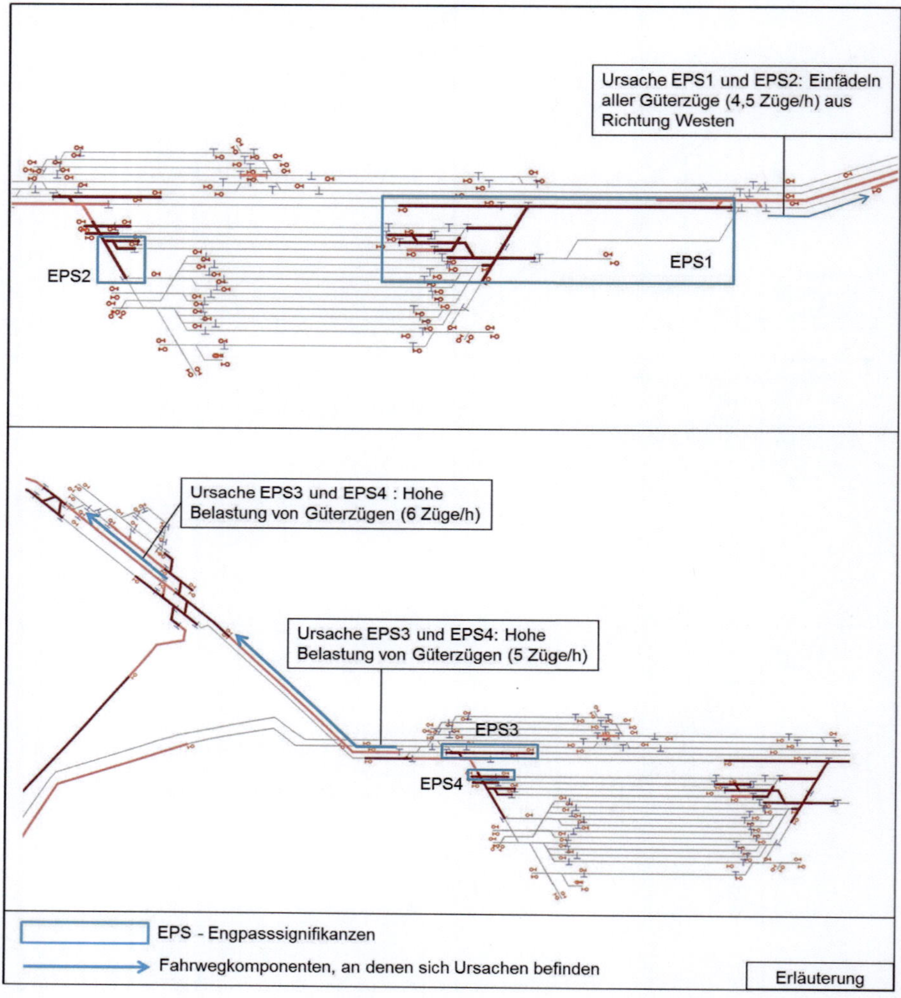

Anhang Abbildung 30: Beispiel 5 - Bestimmung der Ursachen der Engpässe im Ausschnitt A3

Die Engpässe im Ausschnitt A3 liegen in zwei Bahnhofköpfen: EPS1 im Osten und EPS2, EPS3 sowie EPS4 im Westen (Anhang Abbildung 30). EPS1 und EPS2 haben die gleiche Ursache, dass alle Güterzüge bei der Ausfahrt dort einfädeln müssen. Die Engpässe EPS4 und EPS5 werden von den ausfahrenden Zugfahrten in Richtung Westen verursacht.

Ursachen der Engpässe in A4

Die Engpässe (EPS 1 und EPS2) in A4 haben eine hohe Relevanz bei dem groben Betriebsprogramm. Bei der betrachteten Verdichtungsstufe für die Ursachenfindung (100%) haben die beiden nur eine mittlere Signifikanz. Der Engpass daneben, EPS3, der keine Engpassrelevanz besitzt, ist bei dieser Verdichtungsstufe als hohe Signifikanz wirksam. Die bestimmten Ursachen der drei Engpässe (EPS1, EPS2 und EPS3) werden in Anhang Abbildung 31 dargestellt.

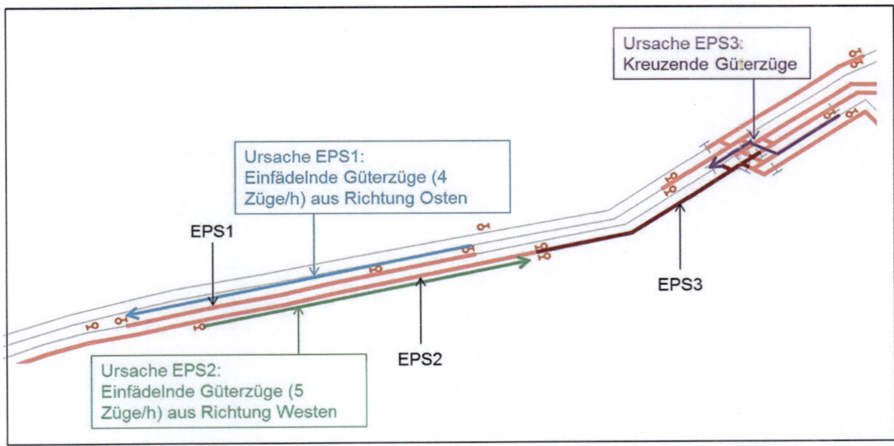

Anhang Abbildung 31: Beispiel 5 - Bestimmung der Ursachen der Engpässe im Ausschnitt A4

Ursachen der Engpässe in A5

Die Engpässe im Ausschnitt A5 liegen im Bereich der Ein- und Ausfahrt. Der Engpass EPS1 wird durch lange planmäßige Halte mit 300 s im Bahnhof verursacht, sodass die Zugfahrten aus der Gegenrichtung, die in den Bahnhof einfahren möchten, behindert werden. Die Ursache von EPS2 liegt an einem langen Blockabschnitt, der eine lange Belegungszeit verursacht.

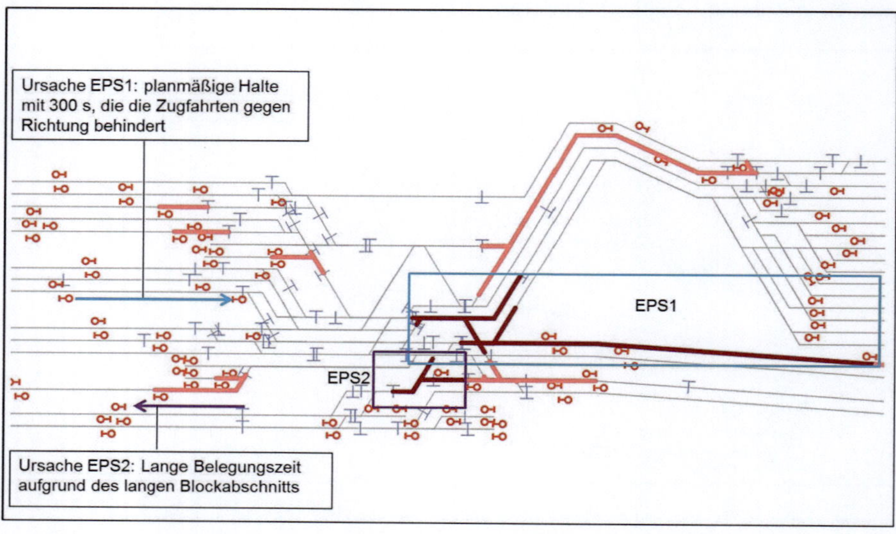

Anhang Abbildung 32: Beispiel 5 - Bestimmung der Ursachen der Engpässe im Ausschnitt A5

Anhang II: Ablauf eines allgemeingültigen Bewertungsverfahrens in [Martin & Li 2014]

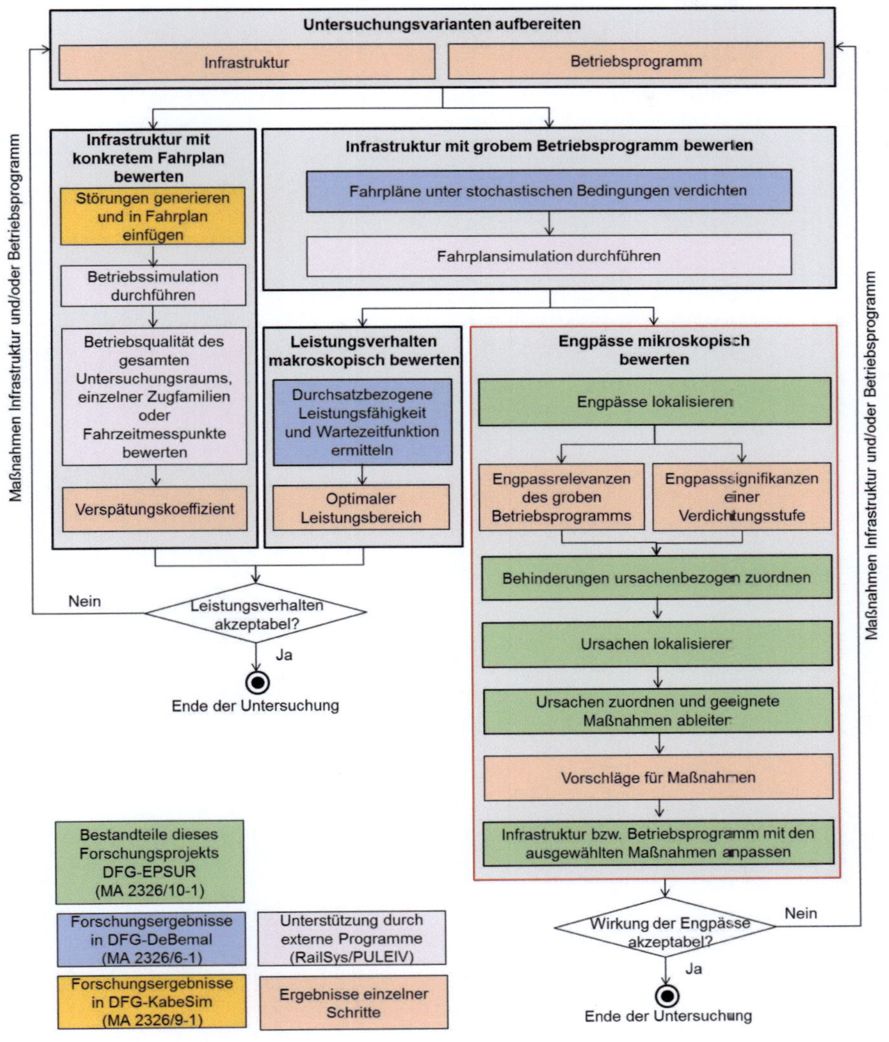

Anhang Abbildung 33: Ablauf eines allgemein allgemeingültigen Bewertungsverfahrens mit vorhandenen Forschungsergebnissen (Quelle: ([Martin & Li 2014])

Abkürzungen

Basisstruktur	BS
Behinderung	BH
Behinderungsgrad	BHG
Belegungselementverursachte Behinderungszeit	BBH
Belegungsgrad	BLG
Belegungszeit	BL
Durchsatzbezogene Leistungsfähigkeit	DS LF
Engpassempfindlichkeit	EPE
Engpassrelevanz	EPR
Engpasssignifikanz	EPS
Fahrwegkomponente	FK
Maximale (theoretische) Leistungsfähigkeit	MT LF
NEB-Zuwachsrate	NZR
Nicht erfüllbare Belegungswünsche	NEB
Optimaler Leistungsbereich	OLB
Verdichtungsstufe	VS

Formelzeichen

$\Delta tA_{Z_k, FK_{i+1}}$	Zeitlicher Abstand $\Delta tA_{Z_k, FK_{i+1}}$ des Belegungsanfangs zwei nacheinander zu belegenden Fahrwegkomponente (FK_i, FK_{i+1}) durch Z_k
BBH_{FK_i}	Belegungselementverursachte Behinderungszeit von Fahrwegkomponente FK_i
BH_{FK_i}	Gesamte Behinderungszeit auf Fahrwegkomponente FK_i
BH_{FK_i,Z_k}	Behinderungszeit von Zug Z_k auf Fahrwegkomponente FK_i
BH_{direkt}	Zeitspanne der direkten Behinderung
$BH_{indirekt}$	Zeitspanne der indirekten Behinderung
BS_i	Basisstruktur i
$FK_{(Start,Ende)}$	Fahrwegkomponente von Startknoten zum Endknoten
FK_i	Fahrwegkomponente mit der ID-Nummer i
G_{NZR1}	Grenzwert der NEB-Zuwachsrate der Phase 1
G_{NZR2}	Grenzwert der NEB-Zuwachsrate der Phase 2
G_{NZR3}	Grenzwert der NEB-Zuwachsrate der Phase 3
G_{NZR4}	Grenzwert der NEB-Zuwachsrate der Phase 4
$G_{NEB_{oben}}$	Oberer Grenzwert der Nicht erfüllbaren Belegungswünsche
$G_{NEB_{unten}}$	Unterer Grenzwert der Nicht erfüllbaren Belegungswünsche
$IstBL_{FK_i}$	Ist-Belegungszeit von Fahrwegkomponente FK_i
K_{FK_p,FK_q}	Zeitspanne des Konflikts zweier Zugfahrten auf den Fahrwegkomponenten FK_p und FK_q im Soll-Fahrplan
M_{BS,FK_i}	Menge der zugehörigen Basisstrukturen von Fahrwegkomponente FK_i
$M_{FK_i,Nach}$	Menge der nachfolgenden Fahrwegkomponenten von Fahrwegkomponente FK_i

$M_{FK_i,Vor}$	Menge der vorherigen Fahrwegkomponenten von Fahrwegkomponente FK_i
M_{fk,BS_j}	Menge der zugehörigen Fahrwegkomponenten von Basisstruktur BS_j
M_{nebFK,BS_j}	Menge der Fahrwegkomponenten mit Belegungswünschen von Basisstruktur BS_j
$\overline{NEB1}$	Mittelwert der Nicht erfüllbaren Belegungswünsche aller Basisstrukturen bei den Verdichtungsstufen unterhalb des Optimalen Leistungsbereichs (Phase 1)
$\overline{NEB2}$	Mittelwert der Nicht erfüllbaren Belegungswünsche aller Basisstrukturen bei den Verdichtungsstufen innerhalb des Optimalen Leistungsbereichs (Phase 2)
$\overline{NEB3}$	Mittelwert der Nicht erfüllbaren Belegungswünsche aller Basisstrukturen bei den Verdichtungsstufen zwischen der Obergrenze des Optimalen Leistungsbereichs und der Durchsatzbezogenen Leistungsfähigkeit (Phase 3)
NEB_{BS_j}	Nicht erfüllbare Belegungswünsche von BS_j
$NEBDS_{BS_j}$	Nicht erfüllbare Belegungswünsche der Basisstruktur BS_j bei der Verdichtungsstufe der Durchsatzbezogenen Leistungsfähigkeit
$\overline{NEBDS}$	Mittelwert der Nicht erfüllbaren Belegungswünsche aller Basisstrukturen bei der Verdichtungsstufe der durchsatzbezogenen Leistungsfähigkeit
$NEBOber_{BS_j}$	Nicht erfüllbare Belegungswünsche der Basisstruktur BS_j bei der Verdichtungsstufe der Obergrenze des Optimalen Leistungsbereichs
$NEBUnter_{BS_j}$	Nicht erfüllbare Belegungswünsche der Basisstruktur BS_j bei der Verdichtungsstufe der Untergrenze des Optimalen Leistungsbereichs
NEB_{j,FP_k}	Nicht erfüllbare Belegungswünsche der Basisstruktur BS_j beim

	Fahrplan FP_k
N_{Z,FK_i}	Anzahl der Züge, die die Fahrwegkomponente FK_i befahren
$N_{Z,nebBS_j}$	Anzahl aller Züge, die die Belegung auf BS_j anfordern.
$NZR1_{BS_i}$	NEB-Zuwachsrate der Basisstruktur BS_i unterhalb des Optimalen Leistungsbereichs
$NZR2_{BS_i}$	NEB-Zuwachsrate der Basisstruktur BS_i innerhalb des Optimalen Leistungsbereichs
$NZR3_{BS_i}$	NEB-Zuwachsrate der Basisstruktur BS_i zwischen OLB-Obergrenze und der Durchsatzbezogenen Leistungsfähigkeit
$NZR4_{BS_i}$	NEB-Zuwachsrate der Basisstruktur BS_i oberhalb der Durchsatz-bezogenen Leistungsfähigkeit
$SollBL_{FK_i}$	Soll-Belegungszeit von Fahrwegkomponente FK_i
T	Auswertezeitraum
tAW_{Z_k,FK_i}	Wunsch-Zeitpunkt der Belegung von FK_i durch Z_k
$tAist_{Z_k,\ FK_i}$	Anfangszeitpunkt der Ist-Sperrzeit nach der Betriebsdurchführung an der Fahrwegkomponente FK_i für den Zug Z_k
$tAsoll_{Z_k,\ FK_i}$	Anfangszeitpunkt der Soll-Sperrzeit im Soll-Fahrplan an der Fahr-wegkomponente FK_i für den Zug Z_k
$tEist_{Z_k,\ FK_i}$	Endzeitpunkt der Ist-Sperrzeit nach der Betriebsdurchführung an der Fahrwegkomponente FK_i für den Zug Z_k
$tEsoll_{Z_k,\ FK_i}$	Endzeitpunkt der Soll-Sperrzeit im Soll-Fahrplan an der Fahrweg-komponente FK_i für den Zug Z_k
$VS_{DS\,LF}$	Verdichtungsstufe bei der Durchsatzbezogenen Leistungsfähigkeit des Untersuchungsraums
Z_k	Zug k

Glossar

Außerplanmäßige Wartezeit
Wartezeit aufgrund einer Behinderung durch einen anderen Zug im Zustand des Betriebsablaufes, sofern diese nicht bereits im Fahrplan enthalten ist.

Auswertezeitraum
Zeitraum, für den die Kenngrößen ermittelt und ausgewertet werden.

Basisstruktur
Zusammenhängender Teil der befahrbaren Infrastruktur, der als ungerichtetes Belegungselement in allen Richtungen durch

- das nächstliegende Signal,
- die nächstliegende Signalzugschlussstelle,
- die nächstliegende Fahrstraßenzugschlussstelle (das sind auch die Zugschlussstellen der Teilfahrstraßenauflösung)
- oder den Rand des Untersuchungsraums

begrenzt wird.

Behinderungsgrad
Quotient aus der Summe der behinderungsbedingten Wartezeit und dem Auswertezeitraum. Er entspricht der Differenz von Ist-Belegungsgrad und Soll-Belegungsgrad.

Belastung
Anzahl der Zugfahrten pro Zeitintervall im Auswertezeitraum, die für Leistungsuntersuchungen im Untersuchungsraum zu berücksichtigen sind. Die Aussage über eine Belastung beinhält immer ein bestimmtes Betriebsprogramm.

Belegungselement
Teil der befahrbaren Infrastruktur. Ein Belegungselement kann gerichtet (z.B. Fahrstraße) oder ungerichtet (z.B. Strecke oder Teilstrecke) sein.

Belegungselementverursachte Behinderungszeit

Bezogen auf ein Belegungselement (gerichtet oder ungerichtet). Die Summe der Zeiten, bei denen Zugfahrten auf diesem Belegungselement andere Zugfahrten direkt oder aufgrund der Behinderungsfortpflanzung indirekt behindern.

Belegungsgrad

Quotient aus der Summe der Sperrzeiten (Belegungszeiten) des jeweiligen Belegungselements und dem Untersuchungszeitraum

Betriebsprogramm

Im Sinne der eisenbahnbetriebswissenschaftlichen Untersuchung die umfassende Beschreibung von Betriebsvorgängen und an diesen Vorgängen beteiligten Verkehrseinheiten je nach Aufgabenstellung im erforderlichen Detaillierungsgrad. Deren wichtigsten Merkmale sind z.B.

- Menge der Verkehrseinheiten (Fahrzeuge)
- Struktur, Reihenfolge, Eigenschaften und Verhältnis der Verkehrseinheiten zueinander,
- Zeitliche Verteilung der Verkehrseinheiten, usw.

Grobes Betriebsprogramm: s.a. Zugmix

Betriebssimulation

Bei Betriebssimulationen wird ein Fahrplan mit Störungen belegt. Dazu gehören Einbruchs- und Unterwegsverspätungen. Entstehende Konflikte zwischen Fahrplantrassen und evtl. auftretende Auflösungen von Verknüpfungen zwischen Zügen können zu Folgeverspätungen führen.

Durchsatzbezogene Leistungsfähigkeit

Die maximale (unter allen möglichen Zugfolgefällen) Belastung in der stationären Phase des Betriebsablaufs, bei der eine gegebene Infrastruktur mit gegebenem groben Betriebsprogramm (Zugmix) mit maximalem Durchsatz unter Beibehaltung des Zugmixes (Eingangsbelastung = Ausgangsbelastung) arbeitet. Eine weitere Erhöhung der Belastung führt zu einem verminderten Anwachsen bzw.

	einer Veränderung des Zugmixes des Ausgangsstroms.
Eisenbahnknoten	Bahnhöfe, in denen mindestens zwei Strecken verknüpft sind, und Abzweigstellen ([DB Netz AG 2008]). Eisenbahnknoten werden in der eisenbahnbetrieblichen Fachwelt häufig mit dem allgemeinen Begriff „Knoten" bezeichnet
Engpassempfindlichkeit	Änderung des Behinderungsgrads in Abhängigkeit des Belegungsgrads auf dem betreffenden Belegungselement
Engpassrelevanz	Wahrscheinlichkeit, dass ein Infrastrukturabschnitt als Engpass unter bestimmten Bedingungen (Struktur des Betriebsprogramms) in Erscheinung tritt und verdeutlicht somit das Engpasspotenzial innerhalb eines Untersuchungsraums bei Anwendung eines Betriebsprogramms.
Engpasssignifikanz	Indikator zur Beschreibung, ob ein Engpass in Abhängigkeit von der festgelegten Grenze der Betriebsqualität, der Struktur eines bestimmten Betriebsprogramms und der betrachteten Belastung (Verdichtungsstufe) real auch tatsächlich betrieblichen Einfluss erlangt
Fahrplansimulation	Begriff im Sinne der Simulationsverfahren. Entweder wird ein konfliktfreier Fahrplan erstellt, indem für die Züge nacheinander Trassen gefunden werden, die (unter Berücksichtigung der Pufferzeiten) von vornherein konfliktfrei sind (asynchrone Methode). Ggf. werden betriebliche Wartezeiten vorgesehen. Oder es wird ein bestehender Fahrplan simuliert, so dass sich möglicherweise vorhandene Konflikte zeigen und behoben werden können (synchrone Methode). Diese Konflikte manifestieren sich in Form von auftretenden Verspätungszeiten. Ist der Fahrplan konfliktfrei, treten keine Verspätungen auf.
Fahrweg	Menge/Folge der Weichen bzw. Teilfahrstraßenknoten

	und Gleise, über die ein Zug im Betrachtungsraum vom Einbruchspunkt A bis zum Ausbruchspunkt B verkehren kann (In der Simulation entspricht dies der Folge von Belegungselementen bzw. Kanten.) Sinngemäß gilt das Gleiche für beginnende und endende Züge.
Fahrwegkomponente	Zusammenhängender Teil der befahrbaren Infrastruktur (z.B. Fahrstraßen, ggf. auch Fahrtabschnitte bis zum nächsten Zielsignal), der als gerichtetes Belegungselement gesondert aufgelöst werden kann.
Folgeverspätung	Außerplanmäßige Fahr- bzw. Haltezeit von Zügen, die infolge der konfliktbedingten Behinderungen durch andere Züge auftritt. Im realen Betrieb treten Folgeverspätungen entweder behinderungsbedingt als außerplanmäßige Wartezeiten oder synchronisationsbedingt als außerplanmäßige Synchronisationszeiten in Erscheinung. Im Sinne der Untersuchungen in der vorliegenden Arbeit sind Synchronisationszeiten unter stochastischen Bedingungen nicht explizit berücksichtigt, weshalb die Folgeverspätung insgesamt als behinderungsbedingte Wartezeit verstanden werden kann.
Infrastrukturabschnitt	Zusammenhängende Vereinigung von ungerichteten Belegungselementen
Ist-Belegungsgrad	Der realistische Belegungsgrad nach der Betriebsabwicklung, der die behinderungsbedingte Wartezeiten infolge der Belegungsveränderung beinhaltet.
Kenngröße	Bei Leistungsuntersuchungen messbare, berechenbare oder durch Simulation ermittelbare Größen, die das Leistungsverhalten von Untersuchungsräumen nach unterschiedlichen Aufgabenstellungen quantitativ oder qualitativ beschreiben können ([DB Netz AG 2008]).

Kriterium Unterscheidendes Merkmal als Bedingung für die Bewertung, um erwartete Aussagen zu treffen. Eine ausgewählte Kenngröße kann als ein Kriterium dienen.

Leistungsanforderung Belastung

Leistungsfähigkeit Auch **„Kapazität"** genannt; Oberbegriff für verschiedene Leistungskenngrößen von Netzelementen ([DB Netz AG 2008])

Netzelemente sind Teile des Fahrwegs, für die sich Kenngrößen ermitteln lassen. Im Sinne der vorliegenden Forschungsarbeit hat ein Netzelement die gleiche Bedeutung wie ein Belegungselement.

Leistungsverhalten Beschreibung des Zusammenhangs zwischen folgender drei Größen: Belastung (bei gleichbleibender Struktur des Betriebsprogramms), Betriebsqualität und Bahnanlagen

NEB-Zuwachsrate Änderung der Nicht erfüllbaren Belegungswünsche eines Belegungselements in Abhängigkeit der Verdichtungsstufe (oder Belastung) des gesamten Untersuchungsraums

Nicht erfüllbare Belegungswünsche Summe der behinderungsbedingten Wartezeiten aller Züge, die das jeweiliges Belegungselement anfordern

Sie werden in der Einheit [Zeit] gemessen

Optimaler Leistungsbereich Bei gegebenem Untersuchungsraum und Betriebsprogramm das Intervall von Belastungen, dessen Untergrenze durch die Belastung mit minimaler relativer Empfindlichkeit der Wartezeitfunktion und dessen Obergrenze durch die Belastung mit maximaler Beförderungsenergie gegeben ist

Für Belastungen innerhalb dieses Bereichs liegt gleichzeitig eine wirtschaftlich optimale sowie kundenfreundliche Auslastung des untersuchten Netzes bei gegebenem Betriebsprogramm vor.

Planmäßige Wartezeit Wartezeiten, die bereits in den Fahrplan eingearbeitet

	werden. Dazu gehören Synchronisationszeiten und Wartezeiten beim planmäßigen Kreuzen und Überholen
Qualitätsmaßstab	Um die Betriebsqualität mit Kenngrößen zu bewerten, werden für die Kenngrößen Qualitätsmaßstäbe festgelegt. Die Qualitätsmaßstäbe geben an, in welcher Qualitätsstufe sich die ermittelte Kenngröße befindet.
Soll-Belegungsgrad	Die geplante Belegungszeit der Zugtrasse auf diesem Belegungselement im Fahrplan vor der Betriebsdurchführung.
Untersuchungsraum	Ausschnitt des Eisenbahnnetzes, für den die Leistungsuntersuchung durchgeführt wird und Aussagen zum Leistungsverhalten zu erwarten sind.
Urverspätung	Außerplanmäßige Fahr- und Haltezeiten infolge technischer, verkehrlicher, betrieblicher Störungen oder sonstiger ungeplanter Ereignisse.
Verdichtungsstufe	Spezifischer Begriff im Rahmen der eisenbahnbetriebswissenschaftlichen Leistungsuntersuchungen mit Simulationsverfahren in Bezug auf einen zugrunde gelegten Fahrplan (Basisfahrplan) Jede Verdichtungsstufe entspricht einer Belastung im Verhältnis zu der Belastung des Basisfahrplans. Eine Verdichtungsstufe stellt keinen konkreten Fahrplan sondern die Größe einer Belastung dar, sie kann mehrere Fahrpläne gleicher Belastung unter Beibehaltung der Struktur des Betriebsprogramms umfassen.
Wartezeit	Infolge der Abhängigkeit zu anderen Zügen behinderungsbedingt entstehende Fahr- und Haltezeitverlängerung
Zuglaufgruppe	Gruppe von Zügen mit gleichen Eigenschaften

Zugmix Struktur des Betriebsprogramms, die die Eigenschaften der Modellzüge und das anteilige Verhältnis der Zugzahl jeder Gruppe von Zügen, die einen Modellzug repräsentiert (in dieser Arbeit auch **„Zuglaufgruppe"** genannt), umfasst. Der „Zugmix" wird auch als **„grobes Betriebsprogramm"** bezeichnet.

Literaturverzeichnis

[Borndörfer et al.]
Borndörfer, Ralf; Grötschel, Martin; Jaeger, Ulrich: *PRODUKTIONSFAKTOR MATHEMATIK.* Kapitel: *Planungsprobleme im öffentlichen Verkehr.* Berlin Heidelberg: Springer, 2008, S. 141–150.

[Bungartz et al. 2013]
Bungartz, Hans-Joachim; Zimmer, Stefan; Buchholz, Martin et al.: *Modellbildung und Simulation.* Eine anwendungsorientierte Einführung. 2. Auflage. Berlin Heidelberg: Springer, 2013.

[BVU 2007]
BVU: *Prognose der deutschlandweiten Verkehrsverflechtungen 2025.* FE-Nr. 96.0857/2005. München/Freiburg, 14.11.2007.

[Chu 2014]
Chu, Zifu: *Modellierung der Wartezeitfunktion bei Leistungsuntersuchungen im Schienenverkehr unter Berücksichtigung der transienten Phase.* Dissertation. Universität Stuttgart, IEV. Betreut von Ullrich Martin. Schriftenreihe VWI Neues verkehrswissenschaftliches Journal – Ausgabe 10. Norderstadt: BoD - Books on Demand. 2014.

[Chu et al. 2012]
Chu, Zifu; Martin, Ullrich: *Dynamisierung von Zeitscheiben in Betriebsprogrammen bei Leistungsuntersuchungen.* In: ETR-Eisenbahntechnische Rundschau, Nr. 5, Jg. 61, 2012, S. 40–45.

[Cui et al. 2014]
Cui, Yong; Martin, Ullrich; Zhao, Weiting et al.: *Entwicklung eines Algorithmus für die Kalibrierung von Modellen zur Betriebssimulation in spurgeführten Verkehrssystemen unter Berücksichtigung stochastischer Bedingungen.* DFG-Forschungsprojekt (MA 2326/9-1). Schriftenreihe VWI Neues verkehrswissenschaftliches Journal – Ausgabe 9. Norderstadt: BoD - Books on Demand. 2014.

[Daubertshäuser et al. 2013]Daubertshäuser, Kai; Vieth, Heike; König, Rainer et al.: *Betriebliche und konzeptionelle Untersuchungen zum SPNV - Erfahrungen im S-*

Bahn-Netz Rhein-Main auf der Basis von Simulationsexperimenten. In: EI-Eisenbahningenieur, Nr. 5, 2013, S. 86-90.

[DB Netz AG 2008]
DB Netz AG: *DB Richtlinie 405 - Fahrwegkapazität,* 2008.

[DB Netz AG 2014]
DB Netz AG: *Leistungs- und Finanzierungsvereinbarung (Infrastrukturzustands- und entwicklungsbericht 2013),* April 2014.

[Dingler et al. 2009]
Dingler, Mark; Lai, Yung-Cheng; Barkan, Christopher P.L.: *Impact of Train Type Heterogeneity on Single-Track Railway Capacity.* Beitrag in Tagung „Transportation Research Record: Journal of the Transportation Research Board", 2009.

[DUDEN]
DUDEN: *Das Wörterbuch Duden online.* Online verfügbar unter http://www.duden.de/woerterbuch. 15.01.2015.

[Fechner 2014]
Fechner, Carola: *Fahrplanrobustheitsprüfung zur Beratung von Aufgabenträgern.* In: Deine Bahn, Nr.11, 2014, S.44-48.

[Frank 2013]
Frank, Jens Patrick: *Methodik zur Effizienzbeurteilung der Kapazitätsnutzung und -entwicklung von Bahnnetzen.* Dissertation. ETH Zürich, IVT. Betreut von Ulrich Weidmann. 2013.

[Gast et al. 2014]
Gast, Ingolf; Niebel, Nora; Nießen, Nils: *Zacken-Lücken-Problem in der Praxis. Fahrplanrobustheitsprüfung zur Beratung von Aufgabenträgern.* In: Deine Bahn, Nr.11, 2014, S.36-39.

[Hantsch & Li et al. 2013]
Hantsch, Fabian; Li, Xiaojun; Martin, Ullrich: *Methoden zur Engpassanalyse bei der Infrastrukturbemessung im Schienenverkehr.* In: ETR-Eisenbahntechnische Rundschau, Nr. 3, Jg. 62, 2013, S. 30–33.

[Hertel 1992]
Hertel, Günter: *Die maximale Verkehrsleistung und die minimale Fahrplanempfind-*

lichkeit auf Eisenbahnstrecken. In: ETR-Eisenbahntechnische Rundschau, Nr. 10, Jg. 41. 1992, S. 665–671.

[Janecek et al. 2010]
Janecek, David; Weymann Frédéric; Schaer, Thorsten: *LUKS - integriertes Werkzeug zur Leistungsuntersuchung von Eisenbahnknoten und -strecken,* In: ETR-Eisenbahntechnische Rundschau, Nr. 1+2, Jg. 59. 2010, S. 25-32.

[Kettner 2005]
Kettner, Michael: *Netz-Evaluation und Engpassbehandlung mit makroskopischen Modellen des Eisenbahnbetriebs.* Dissertation. Universität Hannover, Institut für Verkehrswesen, Eisenbahnbau und -betrieb. Hannover, 2005.

[Khadem Sameni et al. 2011]
Khadem Sameni, Melody; Landex, Alex; John Preston (Hg.): *Developing the UIC 406 Method for Capacity Analysis.* Beitrag in Tagung: 4th International Seminar on Railway Operations Research, Rome, Italy, 2011.

[Landex et al. 2006]
Landex, Alex; Alex, Anders H.; Schittenhelm, Bernd: *Evalutation of railway capacity.* Beitrag in Tagung: Annual Transport Conference at Aalborg University 2006, 2006.

[Li & Martin 2015]
Li, Xiaojun; Martin, Ullrich: *Ursachenbezogene Engpassbewertung in der Eisenbahnbetriebssimulation – DFG Forschungsprojekt EPSUR.* In: ETR – Eisenbahntechnische Rundschau, Nr. 1+2, Jg. 64. 2015, S. 30-34.

[Li & Martin 2014]
Li, Xiaojun; Martin, Ullrich: *Einfluss des Betriebsprogramms und der Infrastrukturgestaltung auf die Entstehung von Engpässen im Schienenverkehr.* In: ETR-Eisenbahntechnische Rundschau, Nr. 3, Jg. 63. 2014, S. 16-21.

[Lindner 2011]
Lindner, Tobias: Anwendbarkeit des analytischen Kompressionsverfahrens zur Leistungsuntersuchung von Knotenpunkten. In: ZEVrail Glasers Annalen, Nr. 3, Jg. 135, 2011, S. 76–81.

[Lindner et al. 2010]
Lindner, Tobias; Pachl, Jörn (Hg.): *Recommendations for Enhancing UIC Code 406*

Methode to Evatuate Railroad Infrastructure Capacity. Beitrag in Tagung: 89. Jahrestreffen des Transportation Research Board (TRB), Washington, DC, 2010.

[Martin et al. 2014]
Martin, Ullrich; Cui, Yong; Hantsch, Fabian; Chu, Zifu; Li, Xiaojun: *Knotenkapazität – Bewertungsverfahren für das mikroskopische Leistungsverhalten und die Engpasserkennung im spurgeführten Verkehr (RePlan).* Schriftenreihe VWI Neues verkehrswissenschaftliches Journal-NVJ, Ausgabe 8, Norderstadt: BoD - Books on Demand, 2014.

[Martin & Liang 2014]
Martin, Ullrich; Liang, Jiajian: DFG-Antrag: The Influence of Dispatching on the Capacity and Operation Quality of Rail-based System. DFG-Forschungsprojekt MA 2326/15-1, 2014.

[Martin & Chu 2013]
Martin, Ullrich; Chu, Zifu: *Direkte experimentelle Bestimmung der maximalen Leistungsfähigkeit bei Leistungsuntersuchungen im spurgeführten Verkehr.* DFG-Forschungsvorhaben (MA 2326/6-1). Schriftenreihe VWI Neues verkehrswissenschaftliches Journal-NVJ, Ausgabe 7, Norderstadt: BoD - Books on Demand, 2013.

[Martin & Li 2014]
Martin, Ullrich; Li, Xiaojun: Entwicklung einer simulationsbasierten Methodik zur ursachenbezogenen Engpassbewertung komplexer Gleisstrukturen in spurgeführten Verkehrssystemen unter Berücksichtigung stochastischer Bedingungen. DFG-Forschungsprojekt (2326/10-1). Stuttgart, 2014.

[Martin 2013]
Martin, Ullrich: *Wie viel Infrastruktur benötigt die Eisenbahn?* Vortrag an der Sächsischen Akademie der Wissenschaften zu Leipzig. Leipzig, 13. Dezember 2013.

[Martin et al. 2013]
Martin, Ullrich; Cui, Yong; Hantsch, Fabian: Vergleich synchroner und asynchroner Simulationsverfahren für makroskopische Leistungsuntersuchungen. In: ETR-Eisenbahntechnische Rundschau, Nr. 7+8, Jg. 62. 2013, S. 44-49.

[Martin & Li 2013]
Martin, Ullrich; Li, Xiaojun: *Simulation-based universal method of evaluation for railway-nodes by dimensioning infrastructure in rail-based transport.*

Beitrag in Tagung: IAROR 5th International Conference on Railway Operations Modelling and Analysis. Copenhagen, Denmark, 2013.

[Martin et al. 2012]
Martin, Ullrich; Li, Xiaojun; Warninghoff, Carsten-Rainer: *Bewertungsverfahren für Knotenelemente bei der Infrastrukturbemessung – RePlan.* In: ETR-Eisenbahntechnische Rundschau, Nr. 11, Jg. 61. 2012, S. 38-43.

[Martin et al. 2011]
Martin, Ullrich; Schmidt, Christine; Chu, Zifu: *PULEIV Anwendungsleitfaden.* zur PULEIV - Version 2.1. Anleitung zur Ermittlung des Leistungsverhaltens von Eisenbahninfrastrukturen mithilfe von Simulationsprogrammen. VWI GmbH Stuttgart, 2011.

[Martin et al. 2010]
Martin, Ullrich; Schmidt, Christine: *Erhöhung der Effektivität und Transparenz bei Leistungsuntersuchungen mit Simulationsverfahren.* In: ETR-Eisenbahntechnische Rundschau, Nr. 7+8, Jg. 59. 2010, S. 463–468.

[Martin et al. 2008]
Martin, Ullrich; Breuer, Peter; Hantschel, Ralf: *Leistungsuntersuchung Station Terminal in Stuttgart 21.* Schlussbericht (unveröffentlicht). VWI GmbH Stuttgart, 2008.

[Martin et al. 2007]
Martin, Ullrich; Schmidt, Christine; Dobeschinsky, Fabian et al.: *Leistungsuntersuchung Pragsatteltunnel.* Abschlussbericht (unveröffentlicht). VWI GmbH Stuttgart, 2007.

[Nießen 2008]
Nießen, Nils: *Leistungskenngrößen für Gesamtfahrstraßenknoten.* Dissertation. RWTH Aachen, VIA. Betreut von Ekkehard Wendler, 2008.

[Oetting et al. 2003]
Oetting, Andreas; Nießen, Nils (Hg.): *Eisenbahnbetriebswissenschaftliches Werkzeug für die mittel- und langfristige Infrastrukturplanung.* Beitrag in Tagung: 19. Verkehrswissenschaftliche Tage, Dresden, 2003.

[OpenTrack]
OpenTrack: *OpenTrack - Simulation von Eisenbahnnetzen*. Kurzbeschreibung von OpenTrack, http://www.opentrack.ch/opentrack/downloads/opentrackInfo.pdf. Download am 15.01.2015.

[Pachl 2011]
Pachl, Jörn: *Systemtechnik des Schienenverkehrs.* Bahnbetrieb planen, steuern und sichern. 6. Auflage, Vieweg + Teubner Verlag, 2011. ISBN 978-3-8348-1428-9.

[Pachl 2007]
Pachl, Jörn: *Avoiding Deadlocks in Synchronous Railway Simulations.* Beitrag in Tagung: 2nd International Seminar on Railway Operations Modelling and Analysis. Hannover, Germany, 28 - 30 March, 2007.

[Potthoff 1972]
Potthoff, Gerhart: *Verkehrsströmungslehre, Band 4:* VEB Verlag für Verkehrswesen Berlin, 1972.

[Radtke 2005]
Radtke, Alfons: *EDV-Verfahren zur Modellierung des Eisenbahnbetriebs.* Eurailpress, Schriftenreihe des Instituts für Verkehrswesen, Eisenbahnbau und –betrieb, Nr.64, Universität Hannover, 2005.

[Radtke 2008]
Radtke, Alfons: *Railway Timetable & Traffic.* Chapter*: Infrastructure Modelling.* DVV media Group GmbH Eurailpress Hamburg, 2008, S. 43–57.

[RMCon 2010]
RMCon: *Handbuch RailSys 7,* 2010.

[Schmidt 2009]
Schmidt, Christine: *Beitrag zur experimentellen Bestimmung der Wartezeitfunktion bei Leistungsuntersuchungen im spurgeführten Verkehr.* Dissertation. Universität Stuttgart, IEV. Betreut von Ullrich Martin, 2009.

[Schwanhäußer 1978]
Schwanhäußer, Wulf: *Die Ermittlung der Leistungsfähigkeit von großen Fahrstraßenknoten und von Teilten des Eisenbahnnetzes.* In: Archiv für Eisenbahntechnik, Nr. 33, 1978, S. 7–18.

[Schwanhäußer et al. 2007]
Schwanhäußer, Wulf; Wendler, Ekkehard; Dickenbrok, Björn et al.: *Qualitätsmaßstäbe zum Leistungsverhalten von Eisenbahnstrecken optimieren.* Eisenbahnbetriebswissenschaftliches Gutachten im Auftrag der DB Netz AG, 2007.

[Uhlmann et al. 2004]
Uhlmann, Matthias; Mustschink, Karsten: *Bemessung komplexer Eisenbahninfrastruktur-Die Konstruktive Methode.* In: ETR-Eisenbahntechnische Rundschau, Nr.7+8, Jg. 53. 2004, S. 506-514.

[UIC 2011]
UIC: *UIC Leaflet 406,* 30.September 2011.

[Vakhtel 2002]
Vakhtel, Sergey: *Rechnerunterstützte analytische Ermittlung der Kapazität von Eisenbahnnetzen.* Dissertation, RWTH Aachen, VIA. Betreut von Wulf Schwanhäußer, 2002.

[Warninghoff et al. 2004]
Warninghoff, Carsten-Rainer; Bendfeldt, Jan-Philipp: *Infrastrukturbezogene Auswertung von Betriebssimulationen in der Eisenbahnbetriebswissenschaft.* In: ETR-Eisenbahntechnische Rundschau, Nr. 6, Jg. 53. 2004, S. 363-370.

[Weigand et al. 2014]
Weigand, Werner; Feil, Matthias; Schaer, Thorsten: *1.NMF 3 -Wo stehen wir? EBWU und Netzstrategie 2030.* Vortrag bei DB Netz AG, März/April 2014.